作者简介

马俊文，高级工程师，中国古生物学会会员。1938年出生于陕西省武功县。1964年毕业于西安矿业学院地质系，毕业后在山东劳动锻炼一年。1965年起在江西从事煤田地质普查勘探工作，发现江西二叠纪含煤地层菊石化石十分丰富，对秀美的菊石产生了浓厚的兴趣。1974年在工作中结识中国科学院南京地质古生物研究所所长赵金科院士，后又交往多年，对菊石在地质中的重要意义有了较深认知，加之手头有许多菊石标本的初步研究成果，独立完成了一次江西省二叠纪煤田预测工作。1978年接待了以Nassichuk为团长的加拿大古生物专家考察团，1986年调入江苏省煤田地质研究所工作，1989年接待了以Glenister为团长的美国部分大学菊石专家教授访问团。兹因在江西二叠纪含煤菊石领域取得了一些成果，受到国内外地层古生物界的瞩目，1994年受"国际二叠纪地层学术研讨会"组委会邀请，与会并介绍了江西二叠纪含煤地层头足类的研究成果。

《江西二叠纪含煤地层头足类》专著初稿1990年荣获煤炭工业部中国煤炭地质总局科技进步重大贡献奖二等奖；经过不断研究提升，2012年在中国农业出版社正式出版。

历年发表的相关论文如下：

(1)马俊文. 江西杨桥矿区S形构造特征. 煤田地质与勘探，1975（6）：31-38.

(2)马俊文. 江西省晚二迭世入字型构造体系控制成煤的初步认识. 煤田地质与勘探，1977（5）：64-70.

(3)马俊文. "东南运动"之疑. 地质科技，1977（4）.

(4)马俊文. 江西省龙潭组地层问题//南方含煤地层论文汇编. 北京：煤炭工业出版社，1977.

(5）何锡麟，刘红军，赵永庆，等. 赣中分宜杨桥、宜春洪塘上二迭统地层划分,沉积特征与化石组合. 中国矿业学院学报，1979（1）：27-43.

(6）郑灼官，马俊文. 江西宜春晚二叠世早期菊石. 古生物学报，1982，21（3）：280-292.

(7)马俊文. 安德生菊石科的新材料. 江西地质科技，1995，22（3）：118-128.

(8）马俊文. 江西安福一些晚二叠世早期菊石. 江西地质科技，1995，22（2）：64-73.

(9）马俊文. 江西上饶二叠纪环叶菊石科的新属种. 江西地质科技，1996，23（3）：113-118.

(10）马俊文，李富玉. 寿昌菊石科的新材料. 江西地质科技，1997，24（3）：123-132.

(11)马俊文. 赣中晚二叠世早期鹦鹉螺. 江西地质， 1997，11（1）：27-32.

(12）马俊文，李富玉. 腹菊石超科（Gastrioceratacea）一新科. 江西地质，1998，12（2）：81-88.

(13）马俊文. 江西乐平煤系外胄菊石科的新发现. 煤田地质与勘探，2002，30（3）：9-12.

(14)马俊文. 阿拉斯菊石群的新材料. 煤田地质与勘探，2002，30（1）：7-13.

江西中二叠世头足类

——兼论中二叠地壳跷跷板运动

Cephalopods of Middle Permian in Jiangxi

——Discuss the Seesaw Movement in the Middle Permian Crust

马俊文　著

中国农业出版社
北　京

图书在版编目（CIP）数据

江西中二叠世头足类：兼论中二叠地壳跷跷板运动 / 马俊文著．—北京：中国农业出版社，2022.3
ISBN 978-7-109-29189-8

Ⅰ.①江… Ⅱ.①马… Ⅲ.①二叠世－煤系－菊石超目－动物化石－研究－江西 Ⅳ.①Q915.818.4

中国版本图书馆 CIP 数据核字（2022）第 038984 号

JIANGXI ZHONGERDIESHI TOUZULEI
JIANLUN ZHONGERDIE DIQIAO QIAOQIAOBAN YUNDONG

中国农业出版社出版
地址：北京市朝阳区麦子店街 18 号楼
邮编：100125
责任编辑：陈 亭　　文字编辑：陈睿赜
版式设计：王 怡　　责任校对：沙凯霖
印刷：中农印务有限公司
版次：2022 年 3 月第 1 版
印次：2022 年 3 月北京第 1 次印刷
发行：新华书店北京发行所
开本：787mm×1092mm　1/16
印张：12.5
字数：278 千字
定价：58.00 元

内　容　简　介

作者利用50多年的时间，研究了江西二叠纪含煤地层中的菊石化石，这批菊石化石的研究成果中，计有4个目、7个超科、11个科，其中自建1个新超科、3个新科、24个新属、约90个新种。深入研究菊石动物群的分类系统，首次发现了以往将齿菊石超科归入耳菊石超科的错误。在中二叠世早期，中国和美国均发现上饶菊石属和窄叶菊石属，由此推断在中二叠世早期中、美两国应该是在同一地壳大板块之上。在地质力学研究方面，依据以天目山-武夷山地壳缝合线为轴线的“同期异相沉积”现象，作者提出三维地壳跷跷板运动理论，确证了李四光的“华夏系一级构造线”，拓展了李四光的二维地质力学。

绪　言

对江西二叠纪含煤地层古生物的研究有一百多年的历史。其中对菊石的研究最早见于瑞典地质古生物学家葛利普（Grabau），1924年他将江西安福的一块菊石标本命名为安德生菊石 *Anderssonoceras* Grabau。1965年、1966年赵金科院士、梁希洛教授在江西安福、丰城等地考察获得标本，建立了一批菊石属种。1968年郑灼官随中国科学院湘赣古生代地层队抵达江西分宜、宜春等地，实测了晚二叠世早期含煤地层剖面，对其中所含菊石有了初步了解。1974年郑灼官陪同赵金科院士赴江西进一步考察，笔者陪同前往分宜、宜春、安福、铅山、上饶、乐平和景德镇等地，在这一个多月的考察过程中，笔者学到了不少有关菊石知识，对菊石这门学科有了一些认识。

江西二叠纪含煤地层中，菊石化石极为丰富。后来在野外作业工作中，常留意采集菊石化石，被菊石化石的多彩、神奇和秀美的形象所吸引。在以后的工作中，一直坚持采集、收藏菊石化石，每当在一年中收集的菊石化石较多时，总是在冬季送到南京地质古生物研究所，请赵金科院士鉴定。在多年的工作接触中，赵老师热心待我、传授专业知识于我，不吝赐教。赵老师心系江西，示意要我在江西兼顾菊石工作，且常对我苦心引导、鼓励和帮助。我和赵老师之间都不过于拘礼，我们成了忘年交，赵老师成了我走上菊石研究之路的导师。我的菊石工作，从最初只是采集化石标本开始，闲时常面对菊石化石反复赏析，摸索辨认不同类型的菊石壳体形状、壳面的壳饰，后来进入对菊石的深入研究，实际是为自己手头的菊石化石在现有菊石分类系统中寻找它们各自的正确归位，对于那些无法归类的大小菊石群，有可能需要补建一些菊石新属、新科，甚至新超科等。化石是陌生的，系统归位是艰难的，唯一出路就是刻苦学习，借助中、外菊石文献开阔眼界。在借阅文献资料方面，得到中国科学院南京地质古生物研究所、中国地质大学的热情帮助；在菊石缝合线的描绘方面，中国科学院南京地质古生物研究所提供使用描绘仪器设备之便。在多年江西二叠纪含煤地层菊石研究工作中，得到多方面的竭诚帮助，通过大家的同心竭力，收获了一份满意成果，且得到地层古生物界的基本肯定。这份材料是赵金科院士生前重托“江西二叠纪含煤地层头足类”的研究专题。该专题工作历时50多年，专题目标基本完成，成果论著敬献导师，告慰导师在天之灵！

中国科学院院士、地层古生物学家、中国古生物学和地层学的奠基人、新中国地层古生物教育事业的开创者杨遵仪教授，1989 年 8 月 31 日在给本书初稿的评审意见中写道："第一手材料十分丰富，内容充实，安排合理；对主要研究对象，如地层与菊石的探讨均甚深入全面，反映不少新的认识，取得新进展，应该肯定成果是突出的，稍加修正后，可早日出版，为地层古生物界增光。"

50 多年的研究，主要的收获包括如下几个方面。

（1）丰富的菊石化石标本支撑了 1 个新超科及其若干个新科属种的建立

在这批菊石化石的研究成果中，有 4 个目、7 个超科、11 个科。其中自建 1 个新超科，即齿菊石超科（新超科）Ceratitaceae Ma，sup. nov.；3 个菊石科，分别为瘤腹菊石科 Nodogastrioceratidae Ma et Li，1998、花桥菊石科 Huaqiaoceratidae Ma，2002 和宜春菊石科（新科）Yichunoceratidae Ma，fam. nov.；24 个新属；约 90 个新种。

其中，中二叠世早期上饶煤系中菊石化石的研究成果中，有 2 个目、4 个超科、5 个科、10 个属、19 个种。该煤系底部在江西省德兴市永平乡附近，在 3m 厚的深灰色页岩层中有极为密集的瘤腹菊石新科 2 个属和 6 个种，以及寿昌菊石科 2 个属和 4 个种。在以上的地层中，瘤腹菊石科寻无踪迹，似乎绝灭，唯有寿昌菊石科的象牙菊石和刺猬菊石。中二叠世早期上饶煤系中的寿昌菊石科是世界二叠纪史上唯一的有口饰围垂的菊石科。该菊石科有 4 个菊石属，分别为上饶菊石属、象牙菊石属、刺猬菊石属和信江菊石属。上饶菊石属化石在上饶煤系顶部，极为易见。

中二叠世晚期的乐平煤系盛产齿菊石超科（新超科），其中含 4 个菊石科、20 个菊石属、68 个菊石种。4 个菊石科中有 2 个旧科、2 个新科，它们一个谱系进化的大家族，进化的方向序次为：安德生菊石科→花桥菊石科→阿拉斯菊石科→宜春菊石科，它们是从缝合线叶部无齿开始，到侧叶有齿，再到脐叶有齿，最后出现助线系上小叶有齿，它们以齿的进化为标志，当为齿菊石目的嫡系正支，故将新建的菊石超科定名为齿菊石超科。该齿菊石超科是一个插不入、拖不出的亲缘族群。

（2）发现了旧的菊石动物分类系统中将齿菊石超科归入耳菊石超科的错误

中国东南五省区域内，菊石动物化石极为丰富，中二叠世晚期乐平煤系的化石多属于齿菊石目，该菊石目下属的超科自然属于齿菊石超科。但是苏联科学院古生物研究所鲁任切夫（1959）将安德生菊石科和阿拉斯菊石科错误地归入耳菊石超科。笔者的研究发现了这个不小的错误。齿菊石超科的建立，确认了华南东部中二叠世晚期沉积地层是世界同期地层发育最完整的地区，为世界同期地层对比提供了极大的方便。

（3）推测中二叠世时期中国和美国同在一个地壳大板块之上

笔者通过对中、美两国中二叠世地层中所含菊石化石的对比，发现美国的得克萨斯州有中国上饶的上饶菊石，中国上饶有美国得克萨斯州的 Stenolobulites（窄叶菊石），中二叠世早期中、美两国均发现有上饶菊石属和窄叶菊石属。就此推测，在中二叠世时期，中美两国应该是在同一地壳大板块之上。

（4）提出三维“地壳跷跷板运动”理论，拓展了李四光的二维地质力学

李四光院士曾确认，中国东南地区走向北北东的地质构造线为华夏系一级构造线，之后多年再无人论及此事。笔者在华南东部地区从事煤田地质一线工作 30 多年，坚持发现和搜集大量中二叠世地层古生物材料。在退休后的 20 多年里，反复整理分析手头零散的地质、古生物资料，研究李四光的地质力学，发现了三维地壳跷跷板运动。

天目山—武夷山地壳缝合线，分割中国东南部五省中二叠世地壳为东南、西北两大地壳板块。其中，各有一次发力下沉入海，沉积的是海陆交替相煤系地层；同时另一侧地壳板块则借力上翘成陆，沉积的是陆相地层。这是一种“同期异相沉积”现象，可以将其定义为“地壳跷跷板运动”。李四光的地质力学讨论的是二维平面造型，而“地壳跷跷板运动”由于一对力偶的存在形成了三维立体造型。因此，“地壳跷跷板运动”的提出是对李四光地质力学学科的拓展。

华南地区地质结构复杂，下二叠统栖霞组与上二叠统龙潭组之间发生的角度不整合，早期被认为是“显著的造山运动”，1931 年李四光将其命名为“东吴地壳运动”。现在看来，应当按其运动特征将其命名为“地壳跷跷板运动”。中国东南部五省中二叠世地壳有 50 万 km^2 的巨型跷跷板运动体，为世界罕见。

（5）在“地壳跷跷板运动”现象研究的基础上确认华夏系一级构造线的位置

结合“地壳跷跷板运动”的发现，笔者觉得天目山—武夷山地壳缝合线，从走向北北东看，应该就是李四光华夏系一级构造线，并且是“地壳跷跷板运动”的主轴。从该地壳构造缝合线两侧的地层时代看，东南侧为中二叠世早期上饶煤系，西北侧为中二叠世晚期乐平煤系，这两套煤系地层肯定不是连续沉积关系。

2012 年笔者在中国农业出版社出版了《江西二叠纪含煤地层头足类》，重点对手头收集的江西二叠纪含煤地层菊石化石标本研究成果进行了介绍。本书进一步对二叠纪菊石化石在中、美两国的分布及其映射出地质力学的变化等方面的研究成果进行报道。

笔者年逾古稀，能将手头存放的大量地层、古生物等资料，在家用 20 多年的时间，整理出一份中二叠世专著，与地质界同行见面，自觉十分高兴。所有研究工作，都得到中国科学院南京地质古生物研究所赵金科院士和梁希洛教授、

中国地质大学杨遵仪院士和杨逢清教授的关照、指导、耐心热情的帮助，在此一并致以深切的谢意。

作者的儿子马海乐教授就职于江苏大学，近10年来，他在工作之余精心协助作者进行了大量化石及其相关文献的资料整理，以及本书的文字梳理工作。作者年事已高，若没有儿子的协助、家人的支持与鼓励，不可能完成如此繁重的研究与专著撰写工作，在此也表示感谢。

马俊文于江苏大学

2022年2月22日

目　录

一、中二叠世古地理图

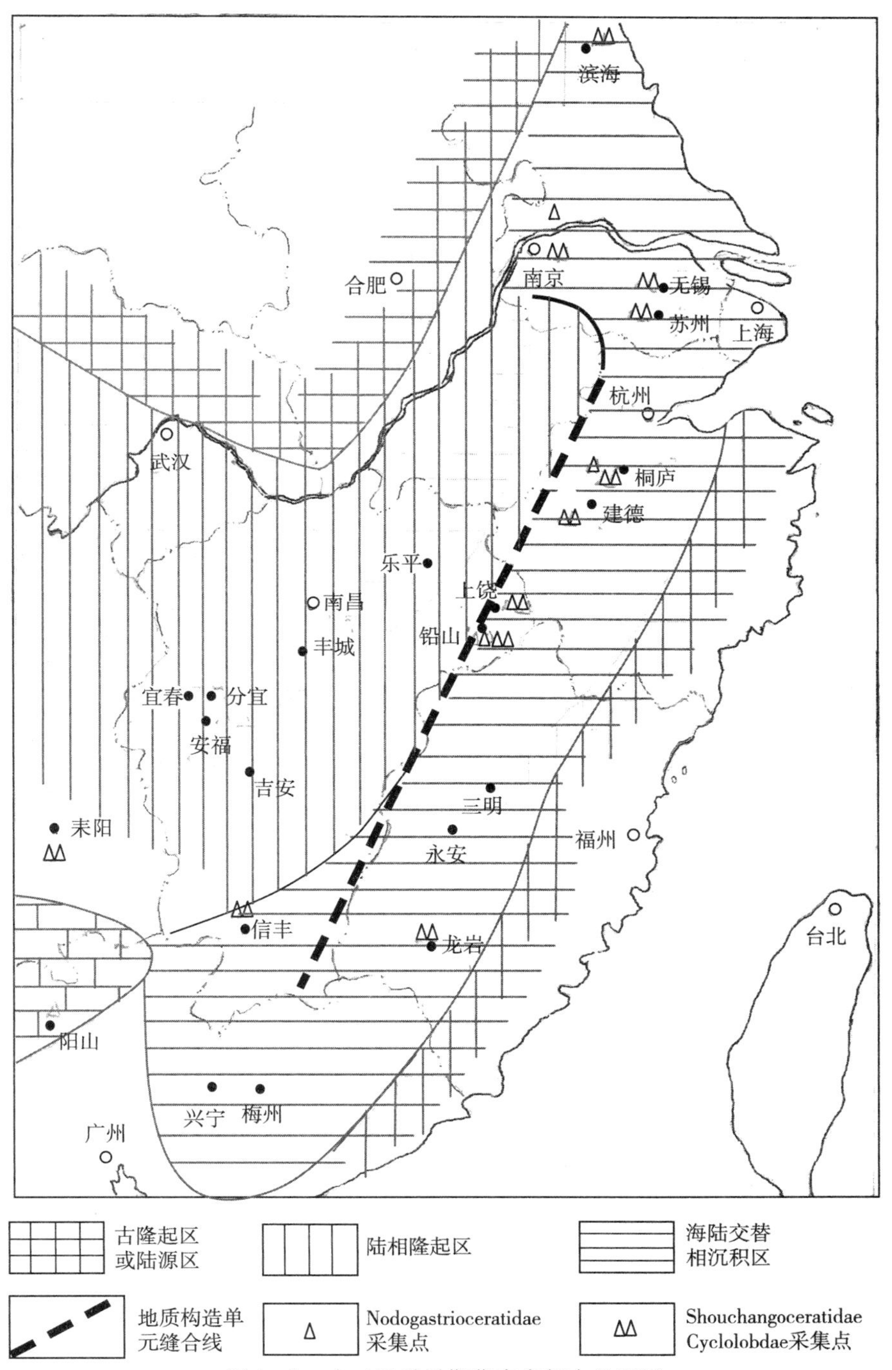

图 1-1 中二叠世早期华南东部古地理图

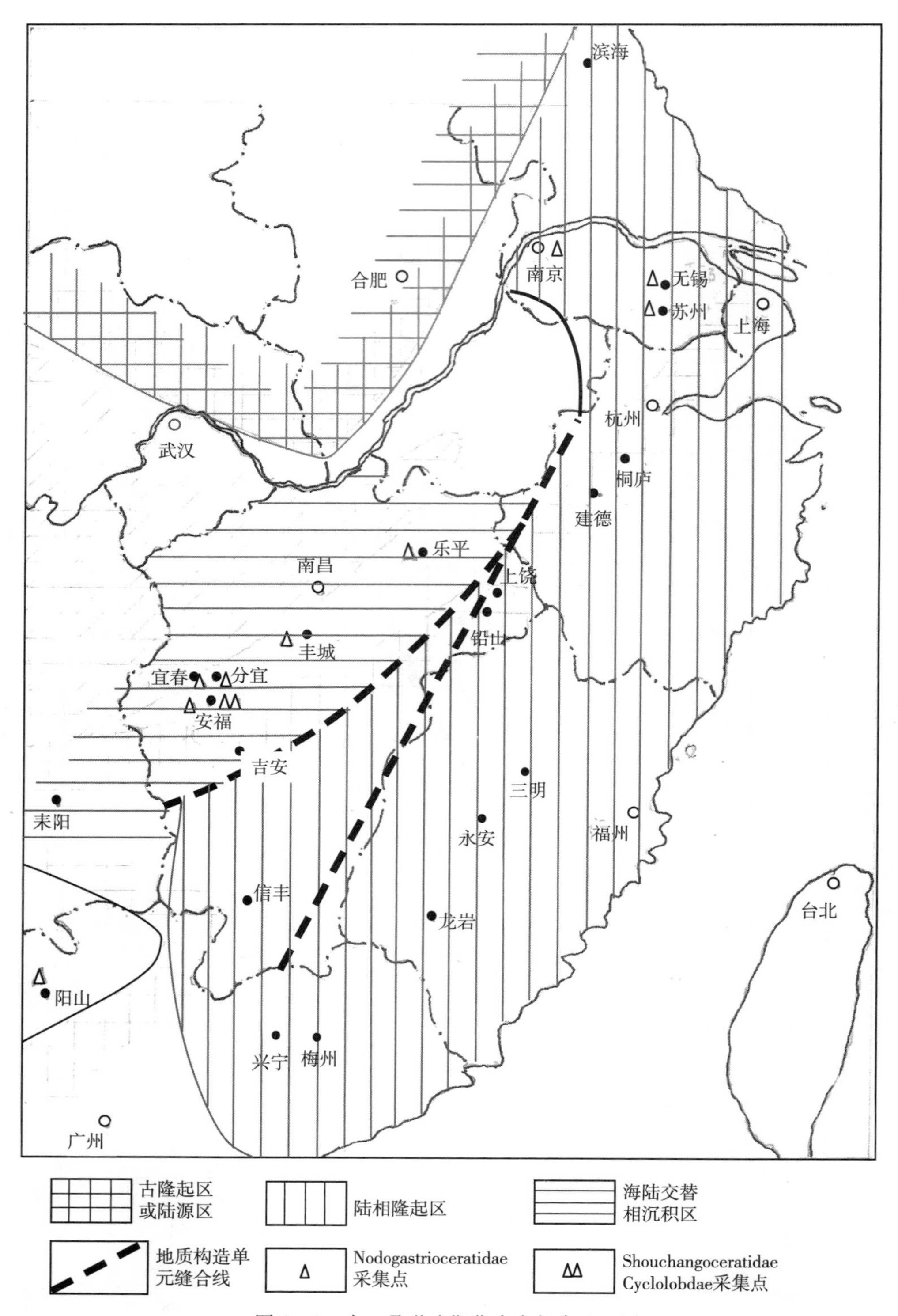

图 1-2　中二叠世晚期华南东部古地理图

二、地层剖面介绍

华南二叠纪含煤地层，区域地层厚度、岩相、古生物等，各地发育程度不一、变化大，是华南开展二叠纪含煤地层研究对比的最大难点。所以在华南二叠纪长期出现众多地方性地层单位名称，如早二叠世晚期的地方性地层单位有：江苏的堰桥组，浙江的丁家山组，福建的文笔山组、龙岩组、童子崖组，广东的双山组，江西的鸣山组、茅口组、上饶组，湖南的当冲组、斗岭组，陕西的龙池组。晚二叠世早期的地方性地层单位有：江西的乐平组，赣浙的雾霖山组，广东的连阳组，广西的合山组，湖南的小元冲组，陕西的吴家坪组、郭家垭组，福建的翠屏山组等。

华南早二叠世晚期和晚二叠世早期的含煤地层在江西均发育最好，其地层厚度分别在 700 多米、500 多米，其中的菊石化石最为丰富。笔者用了 30 多年的时间对这两套含煤地层中的菊石化石进行发掘采集，获得大量菊石标本，经研究后建立了不少科、属、种。其中在早二叠世晚期，上饶阶的湖塘亚阶中自下而上有 *Nodogastrioceras* Ma et Li→*Chekiangoceras* Ruzhencev→*Aulacogastrioceras* Zhao et Zheng，这一序列是瘤腹菊石科中的 3 个菊石属，它们从发育走向退化，最后在绝灭前出现了菊石壳体特化现象；在晚二叠世早期乐平阶中，三阳亚阶自下而上有 Anderssonoceratidae Ruzhencev → Huaqiaoceratidae Ma → Araxoceratidae Ruzhencev → Yichunoceratidae Ma 序列，是以缝合线进化为标志，是一个具有亲缘性谱系演化序列。其中阿拉斯菊石科（Araxoceratidae）在三阳亚阶中，从下部近顶部上延到中部乃至上部皆可见，是一个长寿的菊石科，该科中的菊石属种多越过中部与下部或中部与上部界线，唯有 *Konglingites* 不越过中部顶、底界线。以上的这些发现便于菊石分带。

鉴于江西这两套二叠纪含煤地层发育良好，菊石化石丰富，有菊石的演化谱系的翔实材料，重新厘定地层单位条件较为成熟。建议建立新的通用地层单位，早二叠世晚期设立上饶阶，其中自下而上设湖塘亚阶和田墩亚阶；晚二叠世早期恢复乐平阶，其中自下而上设官山亚阶和三阳亚阶。地层划分如表 2-1 所示。

表 2-1　地层划分

时代	地层系统		海陆交替相		陆相
中二叠统	乐平阶	乐平煤系	上部（王潘里段和狮子山段）	Yichunoceratidae 带	雾霖山组
			中部（上老山段）	*Konglingites* 带	
			下部（中老山段）	Huaqiaoceratidae 带	
				Anderssonoceratidae 带	
	上饶阶	上饶煤系	上部（彭家段）	陆相含煤地层	官山组
				Aulacogastrioceras 带	
				Shangraoceras 带	
				Ototongluceras 带	

（续）

时代	地层系统		海陆交替相		陆相
中二叠统	上饶阶	上饶煤系	中部（饶家段）	*Chekiangoceras* 带	官山组
			下部（湖塘段）	*Nodogastrioceras* 带	

1. 江西安福北华山剖面

上覆地层　三叠系大冶群

-------假整合-------

二叠系

长兴阶

浅灰至深灰色中厚层状灰岩，其间夹薄层状泥灰岩及钙质粉砂岩，向下硅质较高，具黑色燧石结核，风化后为灰白、灰黄等色的硅质岩。产大量腕足类、珊瑚、海百合等化石。 54m

乐平阶

三阳亚阶

上部（原王潘里段和狮子山段）

薄至中厚层状细粒石英砂岩，泥质细砂岩，粉砂岩夹炭质粉砂岩，中部以石英砂岩为主。产腕足类、植物等化石。 120m

浅灰、深灰色薄至中厚层状细粒石英砂岩，泥质细砂岩，中部夹片层状至薄层状细粉砂岩，粉砂岩中偶见小个体瓣鳃类及植物碎片。下部为暗灰色薄至中厚层状石英砂岩，近低部为薄层状菱铁质细砂岩，其间夹粗粉砂岩。 60m

中部（原老山上段）

上、中部为暗灰色薄至中厚层状粉砂岩，其间夹薄层状菱铁质细砂岩，并含菱铁质结核。自下而上，粉砂岩颗粒由细变粗，菱铁质细砂岩夹层有所增多，结核中偶含腕足类及头足类化石。下部为深灰色泥岩，页理发育，富含菊石 *Konglingites* sp. 等。 150m

下部（原老山中段）

深灰色泥岩，页理发育，富含菊石：*Lenticoceltites elegans* Ma，*L. medium* Ma，*L. vanans* Ma，*L. leptosema* Ma，*L. lenticularis* Ma，*L. aberratum* Ma，*Planodiscoceras gratiosum* Ma，*Zhujiangoceras discus* Ma，*Z. involutum* Ma，*Anderssonoceras robustum* Ma，*A. plicatum* Ma，*A. compressum* Ma，*Xiangulingites longilotus* Ma，*X. latisellatus* Ma，*Jinkeceras liang* Ma，*J. sinesistum*，Ma，*J. zhengi* Ma，*Pericarinoceras tumidum* Ma，*Fengtianoceras costatum* Ma，*F. discum* Ma，*F. acutum* Ma，*F. orbilobatum* Ma. *F. lanticulare* Ma，*Pachyrotoceras fengtianense* Ma，*P. jiangxiense* Ma，*Kiangsiceras acutum* Ma，*K. mirificum* Ma，*Gangqiaoceras jiangxiense* Ma，*Pingdougastrioceras anfuense* Ma，*Huaqiaoceras jiangxiense* Ma，*H. latilobatum* Ma，*Stenogastrioceras* compressum Ma，*Beihuashanoceras robustum* Ma，*Wugonshanoceras robustum* Ma，*Araxoceras kiangsiense* Chao et Liang，*Yalingites hoplolobatum* Ma，*Y. mirabilis* Ma，*Carinoceras latilobtum* Ma，*C. latiumbilicatum* Ma，*C. venustum* Ma 等。 30m

官山亚阶

上部（原老山下段）

深灰色粉砂岩夹细砂岩及菱铁质细粉砂岩，低部为中厚层至薄层状，硅质胶结的细粒石英砂岩，水平层理发育。 15m

中下部（原官山段）

顶部为灰至灰白色、中至粗粒的长石和石英砂岩，夹灰色粉砂岩，含煤粉砂岩中产植物化石。以下不详。

2. 安福观溪剖面

此地层剖面据江西煤田地质局 227 队在观溪竣工的 703 号钻孔编制而成，菊石化石系徐惠荣先生自岩芯中采获。

三阳亚阶

上部（原狮子山段）

浅灰色中厚层状细砂岩，硅泥质胶结。 3.67m

中部（原上老山段）

深灰粉砂岩与灰色细砂岩互层，下部为深灰色薄层泥砂岩和粉砂质泥岩，局部夹细砂岩条带，全层含细分散状和带状黄铁矿结晶。产腕足类、瓣鳃类、植物、菊石：*Pseudogastrioceras* sp.，*Prototoceras* sp.，*Huananoceras* sp.，*Konglingites* sp.，*Neoagandes* sp.，*Planodiscoceras* sp.，*Lenticoceltites* sp.。 44.0m

下部（原中老山段）

深灰色薄层状泥岩，含大量细分散状或带状黄铁矿结晶，及少量菱铁质结核。盛产菊石：*Neoaganides paulus* Zhao，Liang et Zheng，*N. jiangxiensis* Ma，*N. jiangnanensis* Ma，*Gangqiaoceras jiangxiense* Ma，*Gangqiaoceras* sp.，*Lenticoceltites elegans* Ma，*Fengtianoceras costatum* Ma。 90.71m

底部

为中厚层状灰色钙质细砂岩，与深灰色薄层状分砂岩和泥岩互层，盛产腕足类动物化石。 56.7m

官山亚阶

3. 宜春庐村剖面

上覆地层

长兴阶　灰白色硅质灰岩。产 *Oldhaminageandis* Huang 等。

乐平阶

三阳亚阶

上部（原王潘里段和狮子山段）

13. 灰色薄层状粉砂质页岩，含腕足类、瓣鳃类及菊石：*Sanyangites* 等。 2.30m
12. 灰色页岩，微含粉砂岩，产腕足类：*Sanyangites* sp. 等。 8.00m
11. 灰色薄层状页岩，产小型腕足类、瓣鳃类、虫迹化石及菊石：*Sanyangites* sp.，*Pseudogastrioceras* sp. 等。 10.35m
10. 深灰色泥质细粉砂岩，夹菱铁质、泥质结核。产腕足类、鹦鹉螺及菊石：*Pseudogastrioceras jiangxiense* Zhao，Liang et Zheng，*Jinjiangoceras ventroplanum* Zheng et Ma，*J. compressum* Zheng et Ma，*J. jiangxiense* Zheng et Ma，*J. dilentiformis* Ma，*Sanyangites inflatum* Zheng et Ma，*S. simplex* Zheng et Ma，*S. circellus* Zheng et Ma，*S. lenticularis* Zheng et Ma，*Yichunoceras umbilicatum* Ma，*Y. rotule* Ma，*Y. serratum* Ma，*Y. lucunatum* Ma，*Y. multilobatum* Ma，*Y. latiumbilicatum* Ma，*Yuanzhouceras shatangense* Ma。 1.10m

中部（原老山中上段）

9. 灰色薄层状页岩。 2.40m
8. 灰色薄层状含粉砂质页岩，夹菱铁质结核，产头足类化石，以底部最富集且保存较好。有 *Tainoceras* sp.，*Metacoceras* sp.，*Jinjiangoceras striatum* Zheng et Ma，*J. compressum* Zheng et Ma，*J. shatangense* Zheng et Ma，*J. jiangxiense* Zheng et Ma，*Sanyangites umbilicatum* Zhao，Liang et Zheng，*S. inflatum* Zheng et Ma，*S. liratus* Zheng et Ma，*S. rotulus* Zheng et Ma 等。 14.24m
7. 灰色薄层状页岩，含似层状及凸透镜状菱铁质结核。产小型腕足类，菊石：*Sanyangites* sp.。 20.63m
6. 浅灰色薄层状粉砂质页岩，夹菱铁质结核及透镜体，产小型腕足类。 3.83m
5. 灰色薄层状页岩，下部含粉砂质。 12.61m
4. 灰色薄层砂质页岩，夹细砂岩及粉砂岩条带。 5.25m
3. 深灰色片状页岩。产菊石：*Prototoceras* sp.。 25.84m
2. 灰至灰紫色薄层状硅质页岩。产菊石，如 *Pseudogastrioceras* sp.，*Prototoceras* sp.；腕足类，如 *Spinomarginifera* sp.，*Rhynchopora* sp. 等。 14.21m
1. 泥灰岩，风化后为土黄色钙质泥岩。盛产腕足类，如 *Waagenites* sp.，*Leptodus* sp.，*Edristeeges poyangensis*（Kayser）等；及瓣鳃类等多门类动物化石。 4.07m

————整合————

官山亚阶（原下老山段和官山段）。

4. 上饶县田墩乡黄坑剖面

上覆地层　上二叠统雾霖山组

-------假整合-------

下二叠统上饶阶

童家亚阶

19. 浅灰色细粉砂岩，含薄煤一层。 21.65m
18. 上部浅灰色细砂岩，下部黑色泥岩，含薄煤五层。产植物化石。 24.50m
17. 灰白色中厚层状石英细砂岩。 12.22m
16. 深灰色泥岩，含煤九层。 46.07m
15. 浅灰色薄至中厚层状石英细砂岩。 11.82m
14. 上部灰色薄层状泥岩，中下部浅灰色石英细砂岩，底部灰色粗粉砂岩，含煤四层，产腕足类。 36.15m
13. 灰色中厚层状细砂岩。 10.27m
12. 深灰至黑色泥岩，中下部为褐灰色薄至中厚层状细粉砂岩，产角石及瓣鳃类等。 56.57m
11. 灰色薄层状石英砂岩夹粗粉砂岩，产植物化石。 8.36m

湖塘亚阶

上部（彭家段）

10. 上部灰紫色粗粉砂岩夹褐红色中细粒砂岩，下部黑色泥岩，产小个体瓣鳃类、植物碎片及菊石：*Paratongluceras subglobosum* Zhao et Zheng，*Mexicoceras* sp.。 62.93m
9. 浅灰至肉红色中厚层状石英细砂岩。 23.00m
8. 上部灰绿色细粉砂岩或细砂岩，下部灰黑色粗粉砂岩，中部夹薄层黑色泥岩及煤线。产腕足类，瓣鳃类及菊石：*Xinjiangoceras huangkengense* Ma et Li，*Shangraoceras robustum* Zhao et Zheng，*S. tenuicostatum* Ma et Li，*Tongluceras gigantum* Ma et Li。 76.97m
7. 灰色薄至中厚层状细粉砂岩，顶部为黑色泥岩，产瓣鳃类及菊石：*Shangraoceras* sp.，*Paraceltites elegans* Cirty，*P. multicostatum*（Ting）。 47.79m
6. 灰色细粉砂岩夹薄层砂岩，含薄煤二层，底部为厚约5m的灰色厚层状石英砂岩。产腕足类，角石及菊石：*Shangraoceras robustum* Zhao et Zheng，*Daubichites discus* Ma，*Kufengoceras* sp.，*Paraceltites elegans*。 75.93m
5. 灰至灰黑色薄层状泥岩夹粗粉砂岩，含煤二层，产植物化石。 16.90m
4. 灰紫色粗粉砂岩，顶部为细粉砂岩，底部为泥岩，含煤五层，产植物化石。 72.95m

中部（饶家段）

3. 灰至浅灰色薄层状粗粉砂岩。 60.91m

2. 灰白色石英砂岩夹泥岩。产瓣鳃类。 9.55m

下部（湖塘段）

1. 灰色薄层状细粉砂岩。产菊石：*Altudoceras zitteli*（Gemm.）。 64.68m

————整合————

下伏地层 下二叠统栖霞组

顶部为黑色硅层，中下部为深灰色隐晶质石灰岩，含少量团块状燧石结核，产蜓类化石。

厚度不详

5. 铅山县永平镇安州剖面

上覆地层 下二叠统上饶阶彭家亚阶。

————整合————

湖塘亚阶

中部（饶家段）

5. 浅灰、杂色中厚层状粉砂岩，局部夹细砂岩条带或薄层。 47.16m

4. 灰色中厚层状石英砂岩，中部夹粉砂岩薄层。 5.72m

下部（湖塘段）

3. 深灰色薄层状粉砂岩。 1.38m

2. 灰黑色薄层状页岩，夹炭质页岩，含菱铁质结核，顶部有构造运动现象。盛产菊石：*Nodogastrioceras discum* Ma et Li，*N. regulare* Ma et Li，*N. cyclocostatum* Ma et Li，*Yongpingoceras yongpingense* Ma et Li，*Y. yanshanense* Ma et Li，*Y. yaoshanense* Ma et Li，*Stenolobulites costulatum* Ma，*Erinoceras yanshanense* Ma et Li，*Elephantoceras lenticonicum* Ma et Li，*E. acroconicum* Ma et Li 等。 17.95m

————整合————

下二叠统栖霞组

1. 深灰色厚层状硅质灰岩 大于 38.50m

上述地层剖面，地层系统沿用 1962 年二叠纪二分方案，即上二叠统乐平阶，下二叠统上饶阶。乐平阶地层厚度 600 余米，上饶阶地层厚度 800 余米，两套地层均为海陆交替相含煤地层，且其中菊石化石均极丰富。对乐平煤系古生物的研究始于葛利普，1924 年他将江西安福乐平煤系一块菊石标本定名为安德生菊石属；另有鲁任切夫 1959 年建立安德生菊石科和阿拉斯菊石科，且将其一并归于耳菊石超科。笔者 1968 年随煤田地质队进驻乐平煤系地区工作，在野外工作 30 年，一直注重采集菊石化石。2002 年笔者在安德生菊石科与阿拉斯菊石科之间建立一个花桥菊石科，同年又在阿拉斯菊石科之后建立了一个为更进化的宜春菊石科，这四个菊石科在地层中自下而上。从菊石内部构造看，安德生菊石科的缝合线所有叶部均无齿，属于原始型菊石科；花桥菊石科缝合线上仅侧叶有齿，属于较进化型菊石科；阿拉斯菊石科缝合线上侧叶、脐叶有齿，属于进化型菊石科；宜春菊石科缝合线上侧叶、脐叶、助线系上小叶都有齿。这四个菊石科在继承中进化，以齿为进化标志，应属于齿菊石目嫡系正支。据此，笔者为其建立一个齿菊石新超科。该超科有如此众多菊石科、属、种，参与齿菊石超科的谱系进化，为世界二叠纪所罕见，中国乐平煤系独有。

下二叠统上饶煤系主要有两个菊石群，一个是有口饰围垂的菊石群，另一个是瘤腹菊石群。前者为赵金科、郑灼官所建，1977 年二人在江西上饶煤系中发现一些菊石有口饰围垂，建立了上饶菊石属、象牙菊石属、刺猬菊石属。1997 年，笔者增建了信江菊石属，并为刺猬菊石补充了两块正型标本。

1988 年笔者在上饶煤系底部建立一个瘤腹菊石科，含两个属，该菊石群化石在该地层层面分布特密，且未见有上延的生存痕迹，似乎横空出世，继而暴发式繁殖，最后骤然消失匿迹。上饶煤系这两大菊石群为世界二叠纪罕见，中国上饶煤系特有。

既然乐平煤系与上饶煤系均为海陆交替相含煤地层，且同为一个东吴地壳运动的沉积产物，不该人为在其间划分界线。本文建议二叠纪三分，将乐平煤系和上饶煤系并为中二叠。新旧地层划分对比如表 2－2 所示。

表 2－2　新旧地层划分对比

<table>
<tr><th colspan="2">旧二分</th><th colspan="2">新三分</th></tr>
<tr><td rowspan="2">上二叠</td><td>长兴阶</td><td>上二叠</td><td>长兴阶</td></tr>
<tr><td>乐平煤系</td><td rowspan="2">中二叠</td><td>乐平煤系</td></tr>
<tr><td rowspan="3">下二叠</td><td>上饶煤系</td><td>上饶煤系</td></tr>
<tr><td>茅口组</td><td rowspan="2">下二叠</td><td>茅口组</td></tr>
<tr><td>栖霞阶</td><td>栖霞阶</td></tr>
</table>

三、地壳跷跷板运动与华夏系一级构造线

（一）地壳跷跷板运动的发现

华南地区地质结构复杂，大家对其地质构造性质不明，1931 年李四光提出“东吴地壳运动”，原指南京、镇江地区下二叠统栖霞组与上二叠统龙潭组之间发生的角度不整合，认为这是“显著的造山运动”，所以以地名命名。欲知东吴地壳运动，须先要了解当前华南东部地质构造概况。

华南东部重要的地质构造有天目山深大断裂和武夷山深大断裂，这两条深大断裂同在一条北北东走向线上，走向长度有 750km。地球是由地壳、地核及其二者之间的地幔流体等组成。深大断裂是指切穿地壳的断裂，也可称为地壳缝合线。该深大断裂在地壳构造学上就是中国华南东部地壳上的一条地壳构造缝合线。该地壳构造缝合线北段的天目山深大断裂途经江西德兴，南抵上饶。德兴南北两侧，以天目山深大断裂为轴，南侧上饶与北侧乐平，两侧的地壳运动呈现跷跷板式的运动。研究发现，东吴地壳运动有前后两期发力。前期发力于地壳缝合线东南侧，上饶地壳下沉，沉积了海陆交替相上饶煤系；同期，地壳缝合线西北侧的乐平地壳板块翘起成陆，沉积了陆相官山组煤系地层。东吴地壳运动后期，发力于地壳缝合线西北侧，乐平地壳下沉，沉积了大厚度的海陆交替相乐平煤系；同期，地壳缝合线东南侧的上饶翘起成陆，沉积了陆相雾霖山组。缝合线两侧地壳板块的动荡受其间地壳缝合线的控制。跷跷板地壳运动，是以地壳缝合线为主轴，若缝合线东南侧地壳下沉，则西北侧地壳上翘成陆。据此来看，“东吴地壳运动”具有明显的跷跷板运动的特征，笔者认为现在应当以其特征命名，取代当时以地名的命名，称其为“地壳跷跷板运动”。

二叠纪历时 2 500 万年，距今已过去 21 500 万年；中二叠世历时约 830 万年，距今已经过去了 20 670 万年。原中国东南部的中二叠世地壳跷跷板运动的地块均已隆起固化成陆，其间的地壳缝合线两侧的板块熔铸为固体而失去活力，整个中国东南部地壳已成为世界最稳定的地块之一，即使再过千万年，中国东南部也不会有地震发生，更不会有地壳运动出现。

（二）华夏系一级构造线位置的确认

李四光曾确认中国东南地区走向北北东（NNE）的地质构造线为华夏系一级构造线，之后多年再无人论及此事。当年笔者只是听说，完全不理解其中深藏的含义。20 世纪 60 年代，笔者进入江西省煤田地质系统，从事煤田地质普查勘探工作，即在华南东部中二叠世地质一线工作，1994 年退休。退休后一直在家中整理当手头的地质、古生物资料，有诸多感悟。经过长时间的研究分析，试图寻找走向 NNE 的华夏系一级构造线。运气不错，终于在江西乐平与上饶之间，找到了走向 NNE 的天目山深大断裂，结合上述的地壳跷跷板运动分析，笔者认为该深大断裂很有可能就是李四光确认的华夏系一级构造线的一部分。天目山深大断裂西北侧面对的是江西中北部特大块的煤系地层沉积区。这块特大整装煤田的西北侧有

来自地球自转向南的挤压力，东南侧有向北作用的抵抗力，这两个作用力的大小相等、方向相反，但不在一条直线上，故为一对力偶（图3-1）。这对力偶使江西中北部中二叠晚期之前的地壳出现走向东西的雁列式隆起、凹陷，形成南方唯一的巨型储煤构造基地。天目山深大断裂向南遇到同一走向（NNE）的武夷山深大断裂，在乐平与上饶一线发现有一系列地壳跷跷板运动体系，这一发现将李四光平面地质力学拓展为三维地质力学。

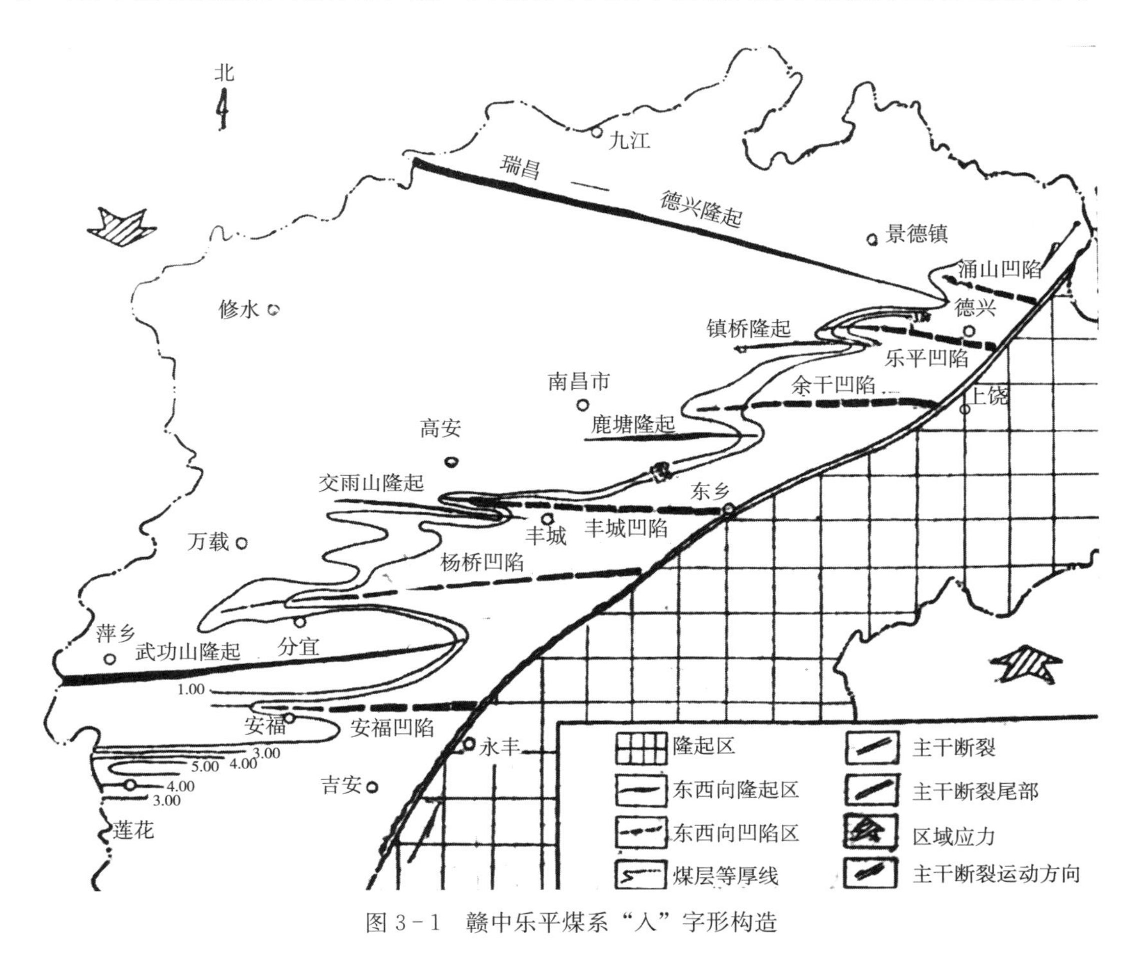

图3-1 赣中乐平煤系“入”字形构造

通过上述研究分析，得出四点结论：①认定同在一条NNE走向线上的天目山地壳缝合线和武夷山地壳缝合线，很有可能就是李四光认定的完整的华夏系一级构造线。②认定天目山—武夷山地壳缝合线控制了两侧面积约50万km^2的地壳，从NNE走向地质构造线两侧各有一次发力过程来看，该地壳缝合线就是一条有生命力的跷跷板运动轴线，创造了一个世界罕见的巨型跷跷板运动体，是华夏系一级构造之作。③认定天目山—武夷山地壳缝合线造就了两侧各一次海陆交替相沉积区，其中在地壳缝合线东南侧、海陆交替相中的海相期培育出两个菊石新科，即寿昌菊石科和瘤腹菊石科；在地壳缝合线西北侧、海陆交替相中的海相期，培育出四代谱系的齿菊石超科；中二叠海陆交替相中的陆相期是聚煤的最佳建造期，为华南五省储藏了丰富的煤炭资源，这一切皆为华夏系一级构造的生命之作。④中二叠世的同期异相沉积，虽是跷跷板运动之作，其实质乃是华夏系一级构造之作。

笔者在中国东南部工作，体会李四光地质力学思想，学习地质力学工作方法，从事地质力学工作多年，今有了自己一份与地质力学相关的研究成果，且发现了在后面将要陈述的世界性地壳板块大迁移的现象。李四光远见卓识，创造了地质力学，令人肃然起敬，笔者特将这一地质力学研究成果献给李四光院士。

四、菊石生存与演化

菊石的生存，是以必需的海水水质和足够的食物为条件。菊石的演化源于生存环境发生变化，在环境变迁的过程中，菊石的壳形和内部构造缝合线受到外部环境变迁的冲击，会有一些新的变化或进化，出现一些新的菊石属或种。这可谓生物随环境而变，变则存，不变则亡。

（一）上饶煤系一些菊石属的演变现象

笔者观察到早二叠世晚期一些菊石科、属、种的演化现象如下。

刺猬菊石属 *Erinoceras* 的壳面小疣节列数：产自江西湖塘亚阶下部靠近底部的 *E. yanshanense* 有 11～13 列小疣节，向上到浙江东坞里段上部（相当于湖塘亚阶下部靠近顶部），此种菊石壳面小疣节列数演变成 17～19 列。

象牙菊石属 *Elephantoceras* 的壳面粗疣节列数：出自江西湖塘亚阶下部靠近底部的 *E. lenticonicum*、*E. acroconicum* 为 5～7 列；向上到湖塘亚阶上部，则为 9～11 列。

瘤腹菊石科 Nodogastrioceratidae Ma 的壳面瘤饰形态：出自江西铅山湖塘段的瘤腹菊石属 *Nodogastrioceras* Ma，壳面侧部有自脐缘到腹侧缘的肋状长瘤；向上到浙江石煤层段（相当于湖塘亚阶中部）的 *Chekiangoceras*，壳面侧部瘤饰为起自脐缘到侧中围的肋状短瘤；再向上到江西的湖塘亚阶上部的 *Aulacogastrioceras*，旋环高度极低，侧部仅呈棱状，在此棱上有一列刺状疣节或瘤。该菊石科的腹部形态，前两属较宽微穹，后一属呈宽沟形。

孤峰菊石亚科 Kufengoceratinae 中，出自浙江东坞里段（相当湖塘亚阶下部）的 *Tongluceras*，缝合线具有 5 对侧叶，壳体不大，向上到江西湖塘亚阶上部，该属壳体变得特大。出自江西湖塘亚阶上部的 *Paratongluceras*，缝合线侧叶只有 4 对。在湖塘亚阶上部又发现 4 块完好的 *Ototongluceras*，它的缝合线侧叶也只有 4 对，但它的脐缘凸出呈尖角状。从出现的地层层序看，这三个菊石属似乎在缝合线方面有退化现象，或在壳形方面有特化现象。

（二）乐平煤系一些菊石属的演变现象

晚二叠世早期三阳初期，江西萍乐洼陷海域海水较为平静，水中饵料充足，是菊石的最佳生存环境，齿菊石超科（新超科）Ceratitaceae Ma（sup. nov.）在此期间充分发育和繁衍。其中，就缝合线而言，原始的安德生菊石科 Anderssonoceratidae 共有 10 个菊石属；较进化的花桥菊石科 Huaqiaoceratidae Ma 至少包含 5 个菊石属；阿拉斯菊石科 Araxoceratidae 的后期，地壳发生较强震荡运动，在此地壳震荡运动之初，安德生菊石科和花桥菊石科灭绝，阿拉斯菊石科也遭受重创。

三阳中期，萍乐洼陷区地壳处于频繁震荡运动之中，海水进退频繁，砂岩与粉砂岩交替沉积，海水中有机质饵料偏少。阿拉斯菊石科中一些菊石属如 *Prototoceras*、*Kiangsiceras*

幸免于难，还有一些新属衍生出来，如 *Jinjiang ceras*、*Konglingites* 和 *Sanyangites*。这一时期菊石在缝合线方面未见进化，只是壳体有所增大。在三阳中期末，区内地壳又有下沉，海水侵入，*Kiangsiceras*、*Konglingites* 灭绝。

三阳晚期，萍乐洼陷区在宜春庐村一带海水较为平静，沉积物为页岩和细粉砂岩。此时宜春菊石科的缝合线在阿拉斯菊石科缝合线的基础上，在助线上分化出 1～4 个小叶，小叶下端具有 2～4 个小齿，为最进化的宜春菊石科 Yichonoceratidae，包含宜春菊石属 *Yichunoceras* 和袁州菊石属 *Yuanzhouceras*。共生的菊石有 *Sanyangites*、*Jinjiangoceras* 等。随着三阳期的结束，齿菊石超科（新超科）Ceratitaceae Ma 灭绝。

从缝合线进化顺序看，齿菊石超科中 4 个菊石科是一个有亲缘性、有完美谱系的进化序列，是一个插不入、脱不出的紧密菊石族群。它们源于江西，见于中东、北美等地。

五、江西二叠纪含煤地层中的菊石科

江西二叠纪含煤地层中，菊石化石极为丰富，有不少世界罕见的菊石科。例如，上饶煤系期有：①壳体口部有口饰围垂的寿昌菊石科 Shouchangoceratidae Zhao et Zheng，1977；②壳体侧部有特别突出肋状瘤的瘤腹菊石科 Nodogastrioceratidae Ma et Li，1998。乐平煤系期有世界罕见的齿菊石超科（新超科）Ceratitaceae Ma（sup. nov.），该超科具有 4 个菊石科，以缝合线叶部齿为分类基准。

上饶煤系期的寿昌菊石科 Shouchangoceratidae Zhao et Zheng，1977 在华南见有 6 属，其中①桑植菊石属 *Sangzhites* Zhao and Zheng 仅有 1 块标本，有口饰围垂，见于湖南桑植县矛口组。②象牙菊石属 *Elephantoceras* Zhao and Zheng 有 3 块标本，有口饰围垂，其中江西铅山县上饶阶湖塘亚阶下部有 2 块标本，上部有 1 块。③刺猬菊石属 *Erinoceras* 有 3 块标本，其中：浙江东坞里段有 1 块标本，未见口饰围垂；江西铅山湖塘亚阶下部见 2 块标本，有口饰围垂。④寿昌菊石属 *Shouchangoceras* Zhao and Zheng，浙江见有多块标本，均未见有口饰围垂。⑤上饶菊石属 *Shangraoceras* Zhao and Zheng 见于江西湖塘亚阶上部，该菊石属化石极为丰富，其中具有口饰的标本至少有 5 块。⑥信江菊石属 *Xinjiangoceras* Ma，1997 在江西湖塘亚阶上部，仅获 1 块标本，有口饰围垂。在江西所见寿昌菊石科菊石种类和数量极为丰富。

瘤腹菊石科 Nodogastrioceratidae Ma，1998 是近年建立的一个菊石科，目前共有 4 个菊石属，其中①沟腹菊石属 *Aulacogastrioceras* 仅有 1 块标本。② *Chekiangoceras* Ruzhencev 仅有 1 块标本。③瘤腹菊石属 *Nodogastrioceras* Ma 有 1 属 3 种。④永平菊石属 *Yongpingoceras* 有 1 属 3 种。后两菊石属共 6 种，所得菊石标本特多。

乐平煤系期，自下而上有四个菊石科，这 4 个菊石科的缝合线自下而上逐步进化，从缝合线叶部无齿的安德菊石科 Anderssonoceratidae Ruzhecev，进化为侧叶有齿的花桥菊石科 Huaqiaoceratidae Ma，再添加脐叶齿，成为进化的阿拉斯菊石科 Araxoceratidae Ruzhencev，最后助线系出现有齿的小叶，为最进化的宜春菊石科 Yichunoceratidae。上述 4 个菊石科缝合线的进化，每一步进化都是在先继承之后，再完成新的进化，根据这 4 个菊石科的亲缘性谱系演化关系，重新整理出一个新的菊石大族群——齿菊石超科（新超科）Ceratitaceae Ma（sup. nov.）。

下面对江西上饶、乐平含煤地层所含重要菊石科的主要菊石属分别介绍。

（一）外胄菊石科 Episageceratidae Ru zhencev，1956

外胄菊石科被认为是世界性开阔海中的标志性菊石。过去在华南二叠纪地层中，从未发现过该菊石科中的任何菊石分子。据此，曾有人认为，华南二叠纪海与世界开阔海之间有阻隔，华南海属于局限海。事实并非如此，笔者在江西晚二叠世早期地层中采得该菊石科 1 属 3 块完好标本，取名“岗桥菊石属 *Gangqiaoceras*”。与 *Episageceras* 菊石属比较，岗桥菊石属的缝合线外鞍两侧的偶生叶和侧叶数较少，显示岗桥菊石属具有原始性，能否疑视该菊石科起源于华南呢？因为华南具有不少世界性强盛菊石科。

（二）寿昌菊石科 Shouchangoceratidae Zhao et Zheng，1977

该菊石科是早二叠世晚期罕见有口饰围垂的菊石科。赵金科和郑灼官（1977）建立的象牙菊石、上饶菊石和桑植菊石三属，各有 1 块标本具有口饰围垂。笔者 1987 年前在江西上饶收获该菊石科大量标本，其中具有口饰围垂的标本：上饶菊石有 5 块，象牙菊石有 2 块；新发现刺猬菊石菊石有 2 块，信江菊石有 1 块。该发现充实了该菊石科有口饰围垂的特征。

在有众多丰富的菊石标本中，笔者发现上饶菊石属的壳面肋饰有粗、细、弱之分，且均有口饰围垂。类似牙齿的口饰围垂，也有长短形状不同的差异。其中对肋饰较弱的标本解剖后发现，未成年期壳面光滑无饰。在象牙菊石属和刺猬状菊石属的演化痕迹在于壳面疣节列数，象牙菊石在江西上饶湖塘段底部的疣节列数为 5～7 列，向上到彭家段上部则变为 9～11 列；刺猬状菊石的壳面小疣节，在江西湖塘段底部为 11～13 列，向上到浙江东坞里段（相当江西湖塘段上部）变为 17～19 列。

寿昌菊石科并非我华南特有，Frest、Glenister 和 Furnish（1981）在美国得克萨斯州西部的开皮坦组发现有 *Shouchangoceras*；意大利西西里岛的索西欧灰岩层内的 *Sosioceras* 菊石，与刺猬状菊石的幼体颇相似。

（三）瘤腹菊石科 Nodogastrioceratidae Ma，1998

瘤腹菊石科壳体小到中等大，外卷，呈亚盘状或盘状。壳面饰有生长纹和明显、密集的纵旋纹，内旋环有细肋和疣节，外旋环有粗壮又突出的瘤状肋。住室长达一个旋环。缝合线为腹菊石式，由 8 个叶部组成，腹叶窄长，腹支叶较长或特长者呈披针形；侧叶后端较尖。外鞍高于侧鞍。本菊石科仅包含有横向肋或横向瘤状肋的菊石：*Paragastrioceras carinatum* Chao，1965、*Paragastrioceras dongwuliense* Zhao and Zheng，1977、*Nodogastrioceras discum* Ma and Li，1998、*N. regulare* Ma and Li，1998、*N. cyclocoslatum* Ma and Li，1997、*Yongpingoceras yongpingense* Ma and Li，1998、*Y. yanshanense* Ma and Li，1998 和 *Y. yaoshanense* Ma and Li，1998。

至于无横向瘤状肋的 *Aulacogastrioceras spinosum* Zhao and Zheng，1977，壳外卷，似桶状；环腹部有宽的环状近半圆形凹沟；仅在极窄的侧部呈棱状，在该棱状侧部外旋环拥有一列疣节。原作者将其归腹菊石超科，建立沟腹菊石科 Aulacogastrioceratidae Zhao and Zheng，1977。本文仅考虑这一块菊石的地层层位，在瘤腹菊石科 Nodogastrioceratidae Ma and Li，1998 的地层层位之上，虽前者菊石壳面无密集的纵旋纹，侧部极窄，不可能拥有横肋或横向瘤状肋，但鉴于壳形奇特，暂作为瘤腹科演化到后期（甚至可能是瘤腹菊石科绝灭前）出现唯一的壳体特化标本，归入瘤腹菊石科。瘤腹菊石科的演化路线为 *Nodogastrioceras*→*Chekiangoceras*→*Aulacogastrioceras*，瘤腹菊石科的壳形、壳饰至自下而上呈现为从发育到退化，由退化到灭绝前特化的过程。

瘤腹菊石科自发掘以来，受到古生物界的多方关注，有许多国外古生物学者参与该菊石群的分类建设，如：*Paragastriocexas carinatum* Chao，1965 被前苏联人改为 *Chekiangoceras carinatum* Ruzhencev，1974；*Paragastrioceras dongwuliense* Zhao et Zheng，1977 被改为

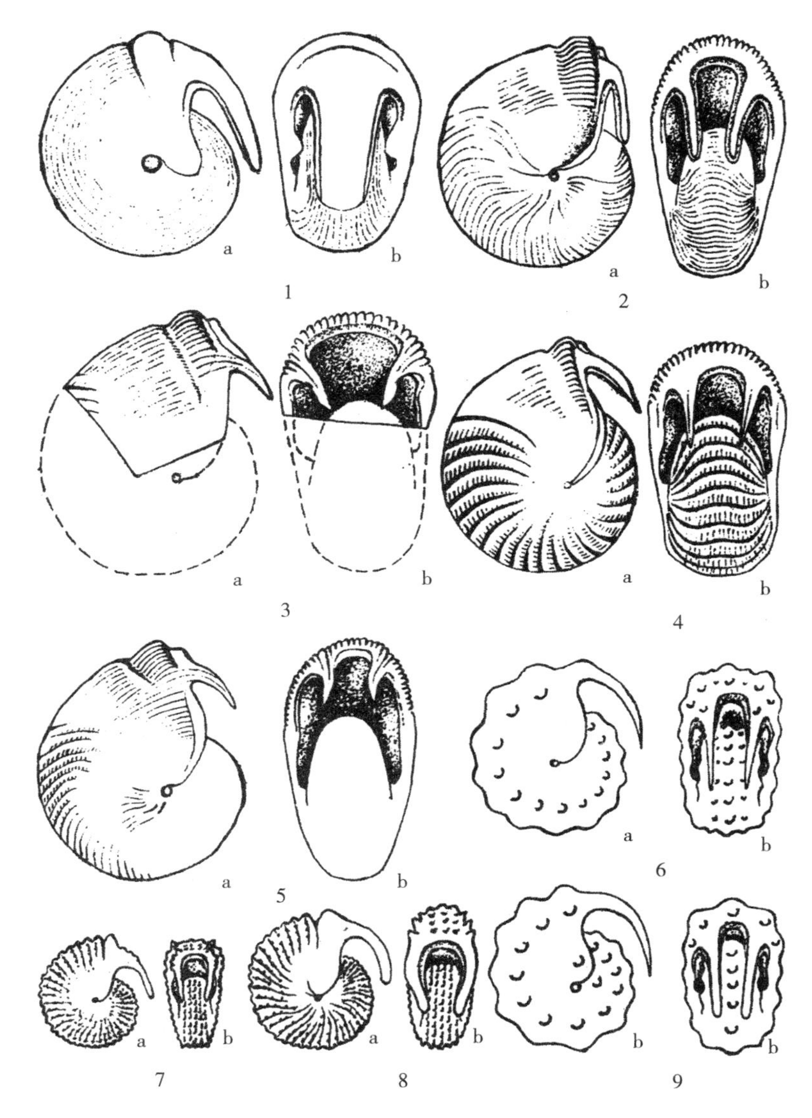

图 5－1　Shouchangoceratidae 部分菊石属、种的口饰围垂形态

1. *Xinjiangoceras huangkengense* Ma et Li，1997 ×2（87001）
2. *Shangraoceras tenuicostatum* Ma et Li，1907 ×1（87016）
3、5. *Shangraoceras attenatum* Ma et Li，1997 均×1（87009、87100）
4. *Shangraoceras robustum* Zhao et Zheng，1977 ×1（87008）
6. *Elephantoceras acroconicum* Ma et Li，1997 ×2（87032）
7、8. *Erinoceras yanshanense* Ma et Li，1997 均×2（87024、87020）
9. *Elephantoceras lenticunicum* Ma et Li，1997 ×2（87031）

Nodogastrioceras dongwuliense Zhou，2007；以及 *Aulacogastrioceras* Zhao et Zheng，1997 被改为 Aulacogastrioceratinae。美国人 Glenister 等（1979）将上述三类菊石收纳于 Pseudogastrioceratinae。又设数学等式：Aulacogastrioceratinae 等同于瘤腹菊石 Nodogastrioceratidae Ma et Ling，1998，借用等式，以前者取代后者建亚科。目前瘤腹菊石

群出现几种不同的系统分类如下：

Superfmily Gastrioceraceae Hyatt，1984

Family Paragastrioceratidae Ruzhencev，1951

Family Aulacogastrioceratidae Zhao et Zheng，1977

Family Nodogastrioceratidae Ma et Li，1998

Superfamily Neoicoceratidae eae Huatt，1900

Family Paragastrioceratidae Ruzhencev，1951

Subfamily Pseudogastrioceratinae Furnish，1966

Subfamily Aulacogastrioceratinae Zhou，2007

上述菊石系统分类中均有拉丁文词根——gastriocera，该词根正是腹菊石超科的名称，将它们引入腹菊石超科自然合理。瘤腹菊石群的系统分类出现如此大的分歧，说明瘤腹菊石系统分类缺乏章法。

Spinosa 等（1970、1975），描述了墨西哥科阿韦拉州科罗拉达层菊石，有两幅菊石属种缝合线的插图。其中一幅插图中有 4 条缝合线，4 条缝合线编号分别为 A、B、C、D，其中：A、B 两条为缝合线所有叶部无齿，为 *Kingoceras kingi*，属于安德生菊石科；C、D 两条为缝合线仅侧叶有齿，为两个菊石新属，应属于花桥菊石科。另一幅插图中也有 4 条缝合线，4 条缝合线编号分别为 A、B、C、D，其中：A、B、C 三条为缝合线所有叶部无齿，为 *Kingoceras kingi*，属于安德生菊石科；D 条缝合线为侧叶、脐叶均有齿，而且在助线系又出现有齿的独立小叶，为一个未建立的新属，应属于宜春菊石科中一新属，而插图中该有原始阿拉斯菊石属种的缝合线，却未出现。一个菊石属种的缝合线为何能包含有 2、3 个菊石科的缝合线类型？上述文献并未阐明。

周祖仁（2007）凭一块壳体特化的菊石标本建立沟腹菊石亚科 Aulacogastrioceratinae Zhao et Zheng，1977，并认为其等同于瘤腹菊石科 Nodogastrioceratidae Ma and Li，1998。沟腹菊石亚科仅有一块形象属种 *Aulacogastrioceras spinosum* Zhao et Zheng，1977。1977 年记述的该菊石标本，出自江西上饶蔡家湾的上饶组的彭家段上部（即厘定后的湖塘亚阶上部的近顶部）；2007 年记述的该菊石标本，出自江西上饶蔡家湾的湖塘组下部（此处所指湖塘组下部，即厘定后的湖塘亚阶下部）。同一块菊石标本，前后两位作者，记述出现的层位分别为湖塘亚阶的顶部和底部。出现如此差异，不知谁的记述有问题。需要说明的是：上饶的湖塘亚阶上部以寿昌菊石科 Shouchangocerastidae 的化石最为丰富，环叶菊石科 Cyclolobidea 的化石也有一些收获，至于瘤腹菊石科 *Nodogastrioceras* 的化石甚难看到，只有一块特化的沟腹菊石属的标本。由此可见沟腹菊石科或亚科的建立没有充足的实物证据支持。

上述 2 例中，分类方法均有主观随意性，难寻章法。本书沿用赵金科等（1978）的分类方案，遇到新材料、新问题，主张细心细致观察每一块菊石标本，尽可能发现菊石在亲缘方面的痕迹，遵循菊石分类系统的核心原则，注意菊石的亲缘性直系进化系列，也不放弃菊石变异后侧向进化系列的发现与研究。建立新的高级别菊石分类单位时，要注意有次级菊石群的亲缘性进化序列，群体中代表性菊石科、属，代表性菊石应有较广泛的可见性。作者认为瘤腹菊石科既有棱菊石目的缝合线类型，又有腹菊石超科壳面密集的纵旋纹，继承性归属无问题。瘤腹菊石科中 4 个菊石属具有谱系色彩，4 个菊石属中壳面侧部，有的属有肋，有的属有瘤，唯独瘤腹菊石属肋瘤兼有，具有兼容性和代表性；4 个菊石属中，有3个菊石属仅出自一地，其中沟腹菊石属仅有一块标本；以瘤腹菊石属分布较广，产地见于江西铅山、上饶、浙江东坞里、江苏南京附近，具有易见性。综上所述，瘤腹菊石科归于腹菊石超科 Gastrioceratae 是较妥当的安排。

（四）安德生菊石科 Anderssonoceratidae Ruzhencev，1959

本科包括两个亚科，即平盘菊石亚科和安德生菊石亚科。前者壳体大多偏小偏薄，内卷或半内卷，呈饼状和盘状。后者壳体多为中等大，半外卷，呈轮状或厚盘状。腹部较宽，呈宽穹形或屋脊状，具有腹棱。有凸出的耳状脐缘。两亚科均腹叶二分，侧叶和脐叶无齿。

讨论 晚二叠世早期，安德生菊石科在江西发育最佳，化石属、种数量特多。国外一些地区也有发现。本多（Bando，1979）在伊朗朱尔法阶中采获 *Lenticoceltites*；斯宾诺萨等（Spinosa，1970；1975）的标本 SUI32890 和 SUI12055 均采自墨西哥的科罗达层，这两块标本的缝合线，就侧叶和脐叶均无齿看，属于安德生菊石科；就壳体形态看；标本 SUI12055 属于平盘菊石亚科；标本 SUI32890 属于安德生菊石亚科。中东和北美有了安德生菊石科的材料，表明安德生菊石科的分布不限于华南，是一个具有世界性的菊石科，它的发生、发育、繁衍中心在中国江西。

分布 晚二叠世早期分布于中国华南、俄罗斯外高加索、伊朗和墨西哥。

（五）花桥菊石科 Huaqiaoceratidae Ma，2002

壳体小到中等大，半内卷或半外卷，呈饼状或轮状。腹部穹呈尖棱状、屋脊状或三棱形。侧部宽，微凹。脐缘微凸至高耳状。缝合线腹叶二分，侧叶后端有齿，脐叶后端无齿。

讨论 该菊石科包含：斯宾诺萨等（1875，270页，图16～C、D），标本号 SUI12056、12052；赵金科、梁希洛和郑灼官（1978，50页，图4）。这两份材料中共描绘缝合线3条，这3条缝合线的共同点在于，它们缝合线的侧叶后端有齿，而脐叶后端无齿。它们既不能归于侧叶和脐叶均无齿的较原始型的安德生菊石科；也不能归于侧叶和脐叶均有齿的较为进化的阿拉斯菊石科。因此在上述两个菊石科之间建立一个过渡性菊石科，即花桥菊石科。在晚二叠世早期有了安德生菊石科→花桥菊石科→阿拉斯菊石科这一进化序列，不仅对菊石演化有了进一步认识，而且对开展同期国际地层对比也有帮助。

（六）阿拉斯菊石科 Araxosceratidae Ruzhencev，1959

本科包含阿拉斯菊石亚科和孔岭菊石亚科。壳体大小不等，呈厚轮状或薄饼状，旋环横断面呈盔状或椭圆形。脐缘凸出，呈高耳状。前者腹部形状有宽平、屋脊形和窄穹形等。侧部凸或凹；后者腹部宽穹或呈屋脊形，具有1～3条腹棱。缝合线侧叶和脐叶均有齿。后者侧叶宽，被腹侧缘二分。助线系较发育。

讨论 阿拉斯菊石科是晚二叠世早期一类重要菊石，除华南极其富有之外，在伊朗的阿巴德地区、阿里巴什地区和俄罗斯外高加索的卓勒法地区也有较多分布。在墨西哥科阿韦拉州的科罗拉达层中也采获 *Eoaraxoceras ruzhencevi* Spinosa，Furnish et Glenister，1970（SUI32895）。这表明阿拉斯菊石科属于世界性菊石科。

（七）宜春菊石科 Yichunoceratidae Ma，2012

壳体大，近内卷至半内卷，呈轮状或凸透镜状。旋环高度大于厚度，横断面呈长方形或三角形。腹部呈尖屋脊状或微穹，具有三条腹棱。侧部微凸或微凹。脐缘不凸或凸出。缝合线侧叶和脐叶有齿，助线系也出现有齿的小叶。

讨论 这是晚二叠世早期一个最进化的菊石科。它包含中国江西的 *Yichunoceras* Ma 的 6 种，*Yaanzhouceras* Ma 的 1 种；俄罗斯外高加索的 *Vedioceras ventroplatum* Ruzhencev 和 *Pseudotoceras djoulfense*（Abich）2 种；墨西哥科阿韦拉州的 *Coloradaceras latiumbilicatum* Ma，2012（SUI31949）1 种。宜春菊石科是晚二叠世早期最后出现、最进化的一个菊石科，有助于确定这一时期地层的最高层位。

（八）齿菊石超科（新超科）Ceratitaceae Ma（sup. nov.）

壳体大小不等，呈饼状、轮状或凸透镜状。旋环横断面呈三角形、长方形或盔状。腹部呈尖棱形、屋脊形、穹圆形或有 1、3 条纵棱的腹棱形。脐缘圆、亚角状或棱状。侧部微凹或微凸。脐缘不凸、凸出或高凸呈高耳状。缝合线腹叶二分，叶部和助线系无齿；或侧叶有齿，脐叶和助线系无齿；或侧叶和脐叶有齿，助线系无有齿叶；或侧叶、脐叶、助线系均有齿。

讨论 齿菊石超科（新超科）Ceratitaceae Ma（sup. nov.），是由 4 代具有亲缘关系的菊石科组成。第一代菊石科，菊石缝合线叶部均为无齿的始祖型，为原始的安德生菊石科 Anderssonoceratidae Ruzhencev，1959。第二代菊石科，缝合线侧叶有齿，为较进化的花桥菊石科 Huaqiaoceratidae Ma，2002。第三代菊石科，在继承上一代缝合线侧叶有齿之后，再进化至缝合线脐叶有齿，为进化的阿拉斯菊石科 Araxoceratidae Ruzhecev，1959。第四代菊石科，在继承上上一代菊石缝合线侧叶有齿、上一代脐叶有齿的基础上，最后进化至菊石缝合线助线系部分出现有齿的小叶，即最进化的宜春菊石科 Yichunoceratidae Ma。这四代菊石科以前误入耳菊石超科 Otocerataceae Hyatt 的安德生菊石科 Anderssonoceratidae Ruzhencev 和阿拉斯菊石科 Araxoceratidae Ruzhencev，当前应认缘归族于齿菊石超科（新超科）Ceratitaceae Ma（sup. nov.）。齿菊石超科的发现与建立，有益于晚二叠世早期国际地层研究与对比。

六、区域地层对比

（一）上饶煤系与华南其他地区及国际同期地层对比

早二叠世晚期，广义特提斯海域（包括环太平洋带的印度、中国、日本、西伯利亚、加拿大西部、美国西南部、墨西哥和帝汶岛等地）沉积的灰岩层中，菊石化石比较少见。但华南东南部的浙江西部，福建西部，江西饶南、信丰，广东连平、梅县、高要，湖南南部等地，属于海陆交替相含煤岩系，有丰富的菊石化石。湖南耒阳斗岭组第7煤层之下，页岩层内获得墨西哥菊石 *Mexicoceras*；湘西桑植茅口组具有菊石 *Sangzhites*；浙江丁家山组下部的东坞里段菊石很丰富，有很多相似于意大利西西里岛的菊石；丁家山组中上部至礼贤煤系都有 *Shouchangoceras* 和 *Shangraoceras*；俄罗斯外高加索地区在这期间的沉积层中，无菊石化石，但腕足类和珊瑚与华南相似；据夫列斯特等（Frest，Glenister et Furnist 1981）报道，在美国得克萨斯西部的开皮坦组采获 *Shouchangoceras* 并定种为 *S. amercaense*；产于浙江西部的 *Tongluceras*，也在加拿大不列颠哥伦比亚省的开什溪组采获；建德至江山一带的礼贤煤系，发现 *Altudoceras*、*Mexicoceras*、*Paratongluceras*；在福建的龙岩组（或加福组）有 *Shouchangoceras*；刘世濂和郭中勋（1979）在信丰大桥组煤系地层中发现 *Altudoceras*、*Paraceltites*、*Paragastrioceras* 等，将原龙潭组改称为孤峰组，此煤系应称为上饶煤系；窄叶菊石 *Stenolobulites* 见于美国得克萨斯开皮坦组，今也见于铅山县上饶煤系湖塘亚阶下部；覃秀兰在广东高要建立的 *Gaoyaoceras*，其层位也相当于前者；孤峰菊石 *Kufengoceras*、盛氏菊石 *Shengoceras* 产自广西来宾、柳江的孤峰组，江西信丰、广东连平、梅县等地的煤系地层中也有获得，缝合线有3个侧叶，该属多见于美国瓜达鲁培组（相当于孤峰组下部）之上；而副桐庐菊石 *Paratongluceras* 和耳桐庐菊石 *Ototongluceras* 的缝合线有4个侧叶；桐庐菊石 *Tongluceras* 缝合线有5个侧叶；瓦根菊石属 *Waagenoceras* 具有6～8个侧叶，也见于福建龙岩组、湖南当冲组、广西桂县、甘肃北山；孤峰组上部有 *Timorites-Cyclolobus*，它们具有10～14个侧叶，这两属菊石在一些地方共生。*Timorites* 见于日本、西伯利亚东部、帝汶岛等地，我国目前尚未发现，因为是同一生物区，我国是有可能找到的；*Cyclolobus* 在西藏有发现；美国瓜达鲁培组分上、下部，上部开皮坦亚组包括 *Timorites* 菊石带，下部华德亚组包括 *Waagenoceras* 菊石带；最早国际公认为早二叠世晚期的菊石 *Waagenoceras*、*Ciboloites*、*Strigogoniatites* 和 *Paraceltites* 在华南见有，也分别见于意大利西西里岛的索西欧组、日本的北平层、帕米尔的库柏世组、加拿大的开什溪组、美国西南部的瓜达鲁培组和帝汶岛的巴留斯组等。笔者在观察描述 *Erinoceras* 和 *Elephantoceras* 化石时，发现它们的幼体壳形与意大利西西里岛索西欧组的 *Sosioceras* 极为相似。

（二）乐平煤系与华南其他地区及国际同期地层对比

1968年笔者参与了科学院地质古生物所的湘赣古生代含煤地层考察工作，测制耒阳三都斗岭煤系剖面时，顶部之上的岩性为大隆组，当时郑灼官在大隆组底部偶见安德生菊石科的化石。20 世纪 90 年代初期，华南湖南课题组寄来两箱二叠纪含煤地层的菊石标本，鉴定后发现其大隆组底部有 *Fengtianoceras*。类似情况如孟逢源等（1980）在湘南嘉禾将大隆下部划出建立的小元冲组；韦仁彦（1979）在广西凤凰山大隆组之下建立的合山组；广西地质研究所（1976）在马滩大龙组之下建立的合山组；陕西 185 煤田地质勘探队（1979）在西乡县郭家垭建立的郭家垭组；西南地区宣威组下部；四川广元朝天地区大隆组底部 2m 厚的页岩层：这些地层层位中都含有安德生菊石科，乃至含有阿拉斯菊石科中的属种。上述地区，都或多或少有一段三阳亚阶下部地层。江苏未见齿菊石超科任何种属。

国际同期地层研究情况：除俄罗斯外高加索的卓勒法组、墨西哥考会拉省的科罗拉达层之外，永区昌之（1987）在日本北上山的歌津地区获得 *Araxoceras* 和 *Prototoceras*，其上、下层发育不佳；德国无上二叠统；俄罗斯乌拉尔山西坡为陆相地层；美国西南部的得克萨斯州和新墨西哥州，应该注意下二叠统顶部是否有类似墨西哥科罗拉达层的海相菊石层。

纵观晚二叠早期，世界海相沉积层。欧洲缺失海相沉积；北美墨西哥科罗拉达层，地层厚度仅 67m，菊石化石较少，但具有齿菊石超科谱系演化序列中的 4 个菊石科的全部菊石标本。世界晚二叠世早期沉积的海相或海陆交互相地层中，以江西的地层厚度最大，地层发育最为完整，菊石化石最为丰富，其中齿菊石超科具有亲缘性的谱系演化序列。这一谱系演化序列中的 4 个菊石科，都是在江西原地原始初生、原地进化到原地灭绝。可见这一地层是同期世界同类菊石的发生、繁衍、进化的中心区。齿菊石超科的发现与建立，有益于世界晚二叠世早期地层研究与对比。

（三）中二叠期间中美同在一个亚洲地壳大板块之上

美国古生物学家 Frest、Glenister 和 Furnish（1981）在美国得克萨斯西部开皮坦组获得我国华南中二叠世早期上饶煤系中盛产的寿昌菊石属 *Shouchangoceras* 标本，且建立了 1 个新种 *S. amercaense*。Mikesh D. L.、Glenister B. F. 和 Furnish W. M.（1988）也在美国得克萨斯西部开皮坦组发现了窄叶菊石属 *Stenolobulites* n. gen.。笔者（2012）在江西中二叠早期上饶煤系地质中获得肥厚窄叶菊石 *Stenolobulites tunitus* Ma 标本 4 块。这说明中二叠早期，中美两国地域内都有寿昌菊石属和窄叶菊石属。

据 Nassichuk W. W.（1970、1971、1977）的研究结果，中二叠晚期墨西哥科阿韦拉州盛产齿菊石超科中的原始菊石科、属、种化石，该菊石超科向西延展到华南，得到了充分进化和繁衍，且属、种数量极为丰富，壳体有所增大，该菊石超科继续向西延展，远播中亚、阿拉斯河谷，乃至外高加索，且菊石壳体发育较大，内部构造缝合线也更加复杂。

从上述中美两地的菊石材料中不难看出，在中二叠期间，中美两地同在一个地壳大板块之上。如今要问，何时何力将北美洲地壳从亚洲地壳大板块中分裂出去？一般地壳大变动会伴随着生物大灭绝的发生。因此要判断中二叠时期亚洲地壳大板块的分裂，需先查明这个时期是否存在生物大灭绝现象，是何时发生的。众所周知，中二叠早期之末出现过一次生物大灭绝现象，那就是说中二叠早晚期之间有过一次地壳大变动，宇宙中可能有一个行星从西南方向撞击了地球壳体，地壳的裂解部分移向东北方向，最后成为了北美洲大陆。那次地壳大变动是发生在中二叠早期之末，距今已经时过 22 000 万年，和中美两国均出现了中二叠早期寿昌菊石属和窄叶菊石属的时间段一致，进而证明了 22 000 万年前中美两地很有可能在一个地壳大板块之上。

七、系统分类描述

外壳亚纲 Ectocochlia

（一）鹦鹉螺

鹦鹉螺超目 Nautiloidea

鹦鹉螺目 Nautilida Spath

头带角石超科 Tainocerataceae Hyatt，1883

头带角石科 Tainoceratidae Hyatt，1883

黄河角石属 *Huanghoceras* Grabau，1922

江西黄河角石 *Huanghoceras jiangxiense* Ma，1997

（图版 38，图 14～16；插图 1A）

描述 壳体较大，壳径 75mm，呈盘状。旋环厚度大于高度，旋环横断面呈矩形。腹部微穹。侧部微凸，且具有粗而直的横肋，该肋过腹部与另一侧横肋相连。壳面饰有明显的生长纹。脐部宽浅。缝合线具有宽且特浅的腹叶和宽浅的侧叶。

比较 此种与 *H. wangi* 壳形和壳饰有些相似。但前者旋环厚度大于高度，旋环横断面呈矩形；壳面饰有明显的生长纹。易于区别。

产地和层位 江西安福北华山；乐平阶三阳亚阶下部。

肋鹦鹉螺属 *Pleuronautilus* Mojisisovies，1882

安福肋鹦鹉螺 *Pleuronautilus anfuensis* Ma，1997

（图版 37，图 7、8、17、18；插图 1B－b）

描述 壳体中等大，壳径 35mm，呈厚盘状。旋环厚度大于高度，横断面呈矩形。外旋环前部高度增长较快，旋环横断面近方形。腹部微穹，具有窄且浅的腹中沟。侧部微凸，具有横肋，该肋起自脐缘，止于腹侧缘，肋上具有 3 列瘤，且分别位于脐缘、近脐缘和腹侧缘处。其中脐缘一列最小，腹侧缘一列最大。脐部中等宽，约占壳径的 1/3。脐缘圆角状。脐壁陡直。

缝合线 腹叶宽浅，侧叶宽较深。

比较 此种壳形与 *P. magnum* 有些相似。但前者在脐缘和近脐缘处各有 1 列瘤，脐部较小。与 *P. tuingriensis* 也有些相似。但前者近脐缘处有 1 列瘤。易于区别。

产地和层位 江西安福北华山；乐平阶三阳亚阶下部。

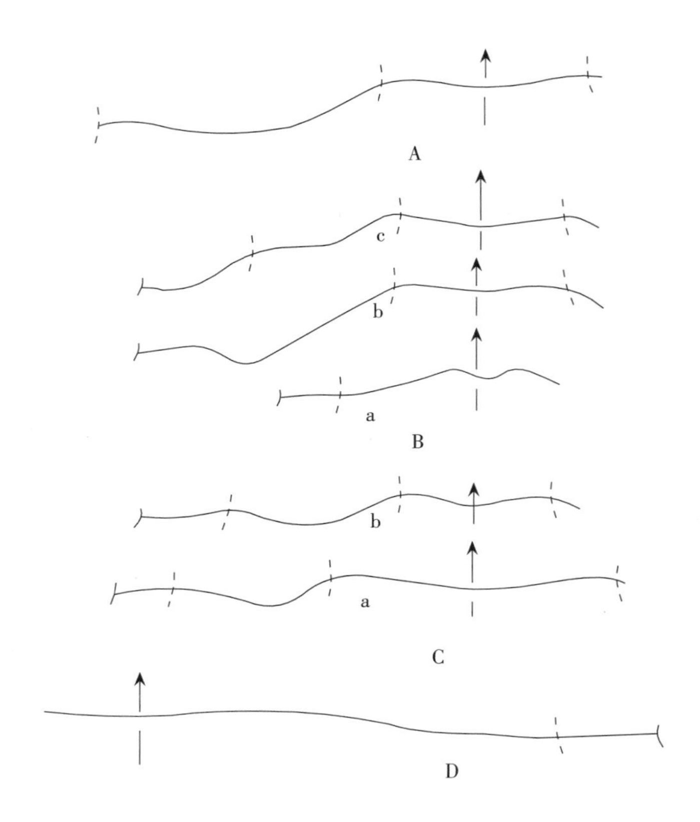

插图 1 赣中鹦鹉螺缝合线的几种类型

A. *Huangheoceras jiangxiense*，壳体直径 D=55mm（85213）

B－a. *Pleuronautilus robustus*，D=18mm（85223）

B－b. *P. anfuensis*，H=9mm（85226）

B－c. *P. curvatus*，D=26mm（85219）

C－a. *Domatoceras jiangxiense*，D=25mm（85227）

C－b. *D. inflatum*，D=27mm（85228）

D. *Jianoceras perornatum*，H=11.6mm（85016）

弯肋鹦鹉螺 *Pleuronautilus curvatus* Ma，1997

（图版 38，图 1～12；插图 1B－c）

描述 壳体中等大，壳径 30mm，呈厚盘状。由两个或近两个旋环组成。旋环厚度大于高度，外旋环前部横断面近矩形，后部呈椭圆形。侧部窄且微凸，具有放射状横肋，该肋在外旋环后部为直肋，在外旋环前部侧中围有向前凸的侧弯；外旋环腹部形态，后部穹圆，前部平或微凹。壳面具有细密的生长纹，该纹在腹部呈现有舌形腹弯。脐部中等宽，约占壳径的 1/3；脐缘亚角状，脐壁中等高且陡直。脐孔直径 4.5～5.0mm。缝合线具有宽的腹叶和侧叶。

比较 此种与 *P. anfuensis* 的壳饰有相似之处，但前者成年期侧部横肋在中围向前凸，侧部无明显的疣节；腹部具有颇深的舌形腹弯，易于区别。

产地和层位 江西安福北华山、乐平鸣山；上二叠统乐平阶三阳亚阶下部。

粗壮肋鹦鹉螺 *Pleuronautilus robustus* Ma，1997

（图版 37，图 1～6；插图 1B-a）

描述 壳体大，外卷，呈厚盘状。旋环横断面近方形。腹部具有宽且深的舌形腹弯。侧部较宽平，具有分叉的横肋，该肋起自脐缘向外后斜，到侧部中围折为横向，且由细渐变粗，至腹侧缘处变为粗瘤。壳面饰有细的生长纹。脐部较宽，脐缘呈圆角状，脐壁中等高且陡直。

比较 此种的壳形与 *P. curvatus* 颇相似。但前者侧部横肋粗且直，缝合线腹叶窄，稍深，侧叶呈直线形。易于区别。

产地和层位 江西安福北华山；乐平阶三阳亚阶下部。

丽饰鹦鹉螺属 *Eulomacoceras* Zhao，Liang et Zheng 1978

粗壮丽饰鹦鹉螺 *Eulomacoceras robustum* Zhao，Liang et Zheng

（图版 37，图 9、10）

描述 壳体小，壳径 21mm，半内卷，呈盘状。旋环厚度大于高度，横断面近椭圆形。腹部穹圆，具有窄浅的腹沟。侧部窄且凸，具有较粗的放射状横肋。该肋起自脐缘，至腹侧缘消失。脐部中等宽，约占壳径的 1/3；脐缘圆，脐壁陡斜。

产地和层位 江西安福北华山；乐平阶三阳亚阶下部。

三角角石超科 Trigonocerataceae Hyatt 1884

曲角石科 Grypooceratidae Hyatt in Zittel，1900

礼饼角石属 *Domatoceras* Hyatt，1891

江西礼饼角石 *Domatoceras jiangxiense* Ma，1997

（图版 37，图 11～13；插图 1C-a）

描述 壳体中等大，壳径 36mm，半外卷，呈盘状。旋环厚度大于高度，横断面近矩形。腹部中等宽，微穹。侧部较窄微凸。腹侧缘圆。壳面饰有生长纹，腹部具有腹弯。脐部宽，约占壳径 1/2；脐缘呈圆角状，脐壁低斜。

缝合线 腹叶宽浅。侧叶窄浅。

比较 此种与 *D. planotergtus* 的壳形有些相似。但前者旋环断面近矩形，脐部大，脐缘圆。

产地和层位 江西安福北华山；乐平阶三阳亚阶下部。

肥厚礼饼角石 *Domatoceras inflatum* Ma，1997

（图版 37，图 14～16；插图 1C-b）

描述 壳体中等大，壳径 41mm，半外卷，呈饼状。旋环增长迅速，旋环厚度大于高度，横断面近椭圆形。腹部窄穹。腹侧缘圆。侧部窄且凸。局部保留的壳皮，可见壳面光滑无饰。脐部小，约占壳径的1/3弱；脐缘圆，脐壁陡直。缝合线具有窄浅的腹叶和略深的侧叶。

比较 此种以脐部小，有别于属中其他已知种。

产地和层位 江西安福北华山；乐平阶三阳亚阶下部。

克莱底纹鹦鹉螺超科 Clydonautitaceae Hyatt in Zittel，1900

纹鹦鹉螺科 Liroceratidae Miller et Youinguist，1949

吉安鹦鹉螺属 *Jianoceras* Ma，1997

属型 *Jianoceras perornatum* Ma，1997

定义 壳体较大，半内卷，呈厚饼状。旋环增长较快，旋环横断面近矩形。腹部窄穹，腹侧缘宽圆。侧部较宽微凸。壳面腹部饰有粗的纵旋纹，侧部内侧围有横肋。脐部较宽，脐缘略凸出呈棱状。缝合线呈直线形。

讨论 该属壳体内卷，呈盘状；壳面饰有横肋和纵旋纹；缝合线略呈直线形。具有纹鹦鹉螺超科、纹鹦鹉螺科特征。

分布和时代 江西；晚二叠世早期。

粗纹吉安鹦鹉螺 *Jianoceras perornatum* Ma，1997

（图版38，图13；插图1D）

描述 壳体较大，壳径71.5mm，半内卷，呈厚饼状。旋环增长较快，旋环高度大于厚度，横断面近矩形。腹部窄穹。侧部较宽，微凸。壳体最大厚度位于脐缘处。壳面腹部饰有粗的纵旋纹，该旋纹在外旋环前部，1cm内仅有3条。外旋环后部的侧部饰有横肋或粗褶，该肋或褶起自脐缘向外变宽变弱，至侧部中围消失；它又自旋环后部向前部渐变弱，乃至变为褶纹或生长纹。住室长达一个多旋环。脐宽约占壳径的1/3强。脐缘呈棱角状；脐壁高且陡直。缝合线略呈直线形。

产地和层位 江西安福北华山；乐平阶三阳亚阶下部。

（二）菊石

前碟菊石目 Prolecanitida Hyatt，1884

麦得利菊石超科 Medlicottiaceae Karpinsky，1889

外胄菊石科 Episageceratidae Ruzhencev，1953

岗桥菊石属 *Gangqiaoceras* Ma，2002

属型 *Gangqiaoceras jiangxiense* Ma，2002

定义 壳体较小，内卷，呈扁饼状。腹部较窄，前部呈规则圆弧形下凹；后部变平坦或微凸。腹侧缘前部呈锐角尖棱形；后部为浑圆钝角状。旋环高度增长较快。侧部宽且微凸。旋环高度大于厚度，横断面近长方形。脐部小，脐缘圆。幼年期内侧围有横肋，成年期侧部近腹侧缘处有褶纹。缝合线腹叶长，下端三分叉；外鞍高，两侧各有偶生叶3枚；侧叶有5枚，其叶的上部均有不同程度的收缩，下端均为二分叉；助线系较发育。鞍顶均圆。

讨论 本属与*Episageceras*壳形颇相似，但本属缝合线外鞍两侧偶生叶数及侧叶数均较少，且叶部形状也有显著不同。易于区别。

分布和时代 江西；晚二叠世早期。

江西岗桥菊石 *Gangqiaoceras jiangxiense* Ma，2002

（图版12，图1～3、7；插图2 c）

材料 有1块标本，标本完好。

描述 壳体小，壳径17.0mm（表7-1），内卷，呈饼状。腹部较窄，前部呈规则圆弧形下凹；后部则平坦或微凸。腹侧缘前部呈锐角状尖棱形；后部呈钝圆角状。侧部宽且微凸。旋环高度增长较快。环高大于环厚，横断面近长方形。壳体后部近脐缘内围有短肋；前部近腹侧缘处有褶纹。脐部小，约占壳径的1/7脐缘圆。

表7-1 壳体度量

标本登记号	*D*	*H*	*W*	*U*	*H/D*	*W/D*	*U/D*
85007（Holotype）	17.0	10.0	6.0	2.5	0.59	0.36	0.15

注：*D*. 壳体直径；*H*. 旋环高度；*W*. 旋环厚度；*U*. 脐部直径；Holotype. 正型；度量单位为mm。下同。

缝合线 腹叶三分。脐接线外有9个叶，叶的长度自第一侧叶起，向内逐渐变短。第1～5侧叶下端二分叉；第1、2侧叶为外分叉，较内分叉长，第3～5侧叶为外分叉，较内分叉短；外鞍两侧各有3枚偶生叶。鞍以第1侧鞍最低，鞍顶均圆。

产地和层位 江西安福北华山；上二叠统乐平阶三阳亚阶下部。

岗桥菊石属（未定种）*Gangqiaoceras* sp.

（图版12，图2、3、7；插图2 a、b）

材料 有3块标本，其中，1块完好，1块略有损。

描述 壳体小，壳径9.5～14.5mm（表7-2），半内卷，呈饼状。腹部的前部平坦后部穹圆。腹侧缘前部钝角状，后部浑圆。侧部穹圆。脐部较小，约占壳径的1/5。脐缘圆。壳面光滑无饰。

表7-2 壳体度量

标本登记号	*D*	*H*	*W*	*U*	*H/D*	*W/D*	*U/D*
85009（Holotype）	9.5	5.0	3.0	2.0	0.53	0.32	0.22
85010（Holotype）	14.5	8.5	5.0	2.0	0.59	0.34	0.14

缝合线 腹叶三分；脐接线外仅有6个叶部，其中，仅有3～4个叶部下端为二分叉；

侧叶长度自第 1 侧叶向内逐渐变短；第 1～3 侧叶下端二分，形成内外分叉支叶，第 1～2侧叶的外支叶较内支叶长，第 3 侧叶的外支叶较内支叶短。外鞍两侧各有 1～2 个弱的偶生叶。

比较 此标本与 *Gangqiaoceras jiangxiense* Ma 的壳形及缝合线有些相似。但前者壳体内卷至半内卷；缝合线在脐缘外的侧叶较少，下端内外分叉的长短和位置不同，外鞍两侧的偶生叶数少，且发育不好，应列为后者的未成年体或幼体。

产地和层位 江西安福北华山、观溪；上二叠统乐平阶三阳亚阶下部。

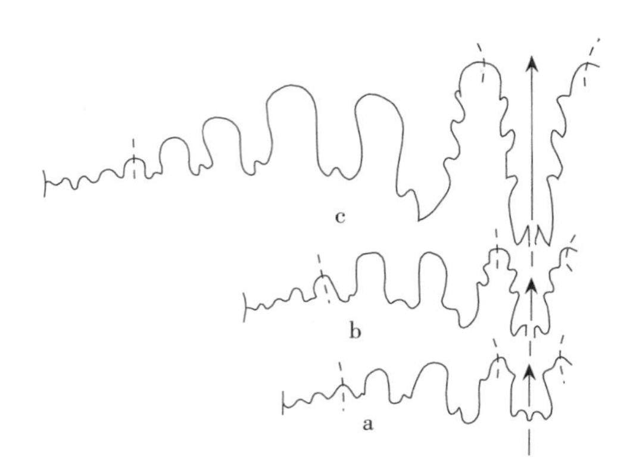

插图 2 岗桥菊石属几个种的缝合线
a. *Gangqiaoceras* sp.，D=8mm（85009）
b. *Gangqiaoceras* sp.，D=12mm（85010）
c. *G. jiangxiense* Ma，D=14mm（85007）

圆叶菊石目 Goniatitida Hyatt，1884

寿昌菊石超科 Shouchangoceratacea Zhao et Zheng，1977

寿昌菊石科 Shouchangoceratidae Zhao et Zheng，1977

寿昌菊石亚科 Shouchangoceratinae Zhao et Cheng，1977

新缓菊石属 *Neoaganides* Plummer et Scott，1937

江南新缓菊石 *Neoaganides jiangnanensis* Ma，2012

（图版 1，图 1～6；插图 3）

描述 壳体很小，壳径 5～8mm（表 7－3），内卷，呈扁球状。旋环高度大于厚度，横断面成新月形，腹部穹圆，侧部微凸。壳面光滑，脐部闭合。

表 7－3 壳体度量

标本登记号	D	H	W	H/D	W/D
85011（Holotype）	8	5	4	0.63	0.50
85012（Paratype）	6	3.6	3.5	0.58	0.58

注：Paratype. 副型。

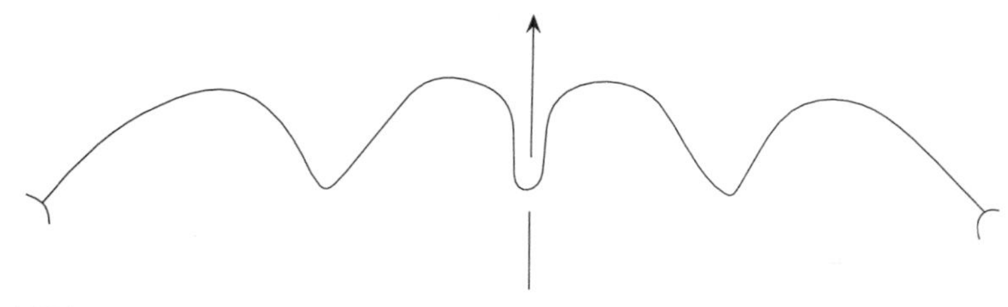

插图 3 *Neoaganides jiangnanensis* Ma 的缝合线，D=5.5mm（85011）

缝合线　腹叶窄长，呈棒状；侧叶宽短，呈宽 V 形，外鞍顶宽圆，侧鞍略低，且顶宽圆。

比较　此种壳形及缝合线与 *N. paulus* 颇相似，但此种旋环横断面呈椭圆形，缝合线腹叶较短，侧叶较宽。易于区别。

产地和层位　江西安福观溪；上二叠统乐平阶三阳亚阶下部。

江西新缓菊石 *Neoaganides jiangxiensis* Ma，2012

（图版 1，图 7～12；插图 4）

描述　壳体甚小，壳径 3.5～7.5mm（表 7－4），内卷，呈亚球状。旋环高度与厚度大体相当，横断面呈新月形。腹部穹圆，侧部微凸。壳面光滑，脐部闭合。

表 7－4　壳体度量

标本登记号	*D*	*H*	*W*	*H*/*D*	*W*/*D*
85014（Holotype）	7.5	4.5	4.5	0.6	0.6
85015（Paratype）	3.5	2.0	2.5	0.75	0.71

缝合线　腹叶窄长呈棒状，侧叶较短，呈 V 形，侧鞍高于外鞍，鞍顶均圆。

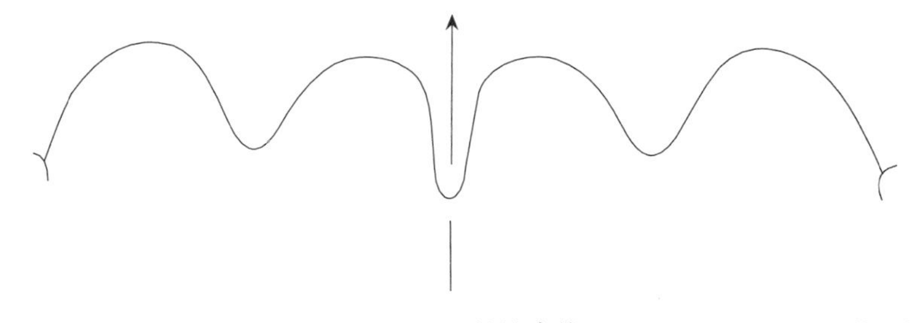

插图 4　*Neoaganides jiangxiensis* Ma 的缝合线，×18，*D*=5.5mm（85014）

比较　此种与 *N. jiangnanensis* Ma 的壳形相似，但前者腹叶长，外鞍高于侧鞍。易于区别。

产地和层位　江西安福观溪；上二叠统乐平阶三阳亚阶下部。

信江菊石属 *Xinjiangoceras* Ma et Li，1997

属型　*Xinjiangoceras huangkengense* Ma et Li，1997

定义　壳体内卷，呈亚球状。腹部穹圆，旋环横断面呈新月形。壳面饰有生长纹和纵旋纹。近口部具有一条收缩沟。口缘的腹部位置有一舌形围垂。缝合线为棱菊石式。

讨论　寿昌菊石科 Shouchangoceratidae 诸属都有口饰围垂，但本属口饰围垂自腹部伸出且呈舌形。壳面仅饰有细弱的生长纹和纵旋纹。

分布和时代　江西；早二叠世晚期。

黄坑信江菊石 *Xinjiangoceras huangkengense* Ma et Li, 1997

（图版 21，图 10；插图 5A）

材料　仅有一块成年期完整标本。壳体度量见表 7－5。

表 7－5　壳体度量

标本登记号	*D*	*H*	*W*	*U*	*H*/*D*	*W*/*D*	*U*/*D*
87001（Holotype）	19	9	12	2	0.47	0.63	0.11

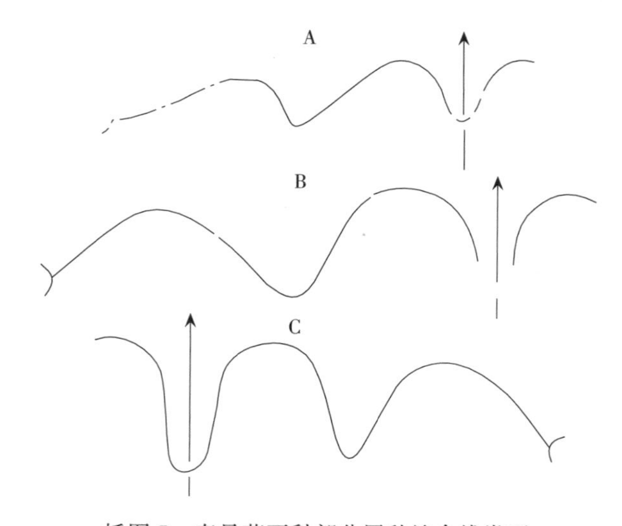

插图 5　寿昌菊石科部分属种缝合线类型

A. *Xinjiangoceras huangkengense* Ma，*D*=17mm（87001）

B. *Shangraoceras tenuicostatum* Ma，*D*=34mm（87016）

C. *Erinoceras yanshanense* Ma，*D*=7mm（87026）

描述　壳体完全内卷，呈亚球状。腹部穹圆。侧部较凸。旋环横断面呈新月形。近口缘处有一条收缩沟。口缘自腹部伸出一舌形围垂，围垂舌面纵向中部微凹且光滑无饰。壳面饰有细弱的横向生长纹和纵向旋纹，且交织成网格状。

缝合线　棱菊石式。腹叶窄短，呈漏斗状，下端圆；侧叶上较宽，下端窄且尖；鞍顶均宽圆。

产地和层位　江西上饶田墩黄坑；下二叠统上饶阶湖塘亚阶上部。

上饶菊石属 *Shangraoceras* Zhao et Zheng, 1977

粗壮上饶菊石 *Shangraoceras robustum* Ma et Li, 1997

（图版 12，图 4～6；图版 13，图 1～7；图版 14，图 1～4）

材料　共有 15 块标本，其中 7 块壳体旋环完整，1 块不仅旋环完整且有 2 枚口饰围垂

（仅选此块入图版）。

描述 壳体小到较大，脐部闭合内卷，呈亚球状，横断面呈新月形。腹部穹圆。侧部较凸。近口部有一条收缩沟。口缘腹侧部位发育有一对形似棱锥的牙状围垂。壳面侧部饰有向前凸的宽弧形肋，两侧的宽弧形肋交于腹部，形成向后凸的窄弧形腹弯。肋饰较粗。壳面饰有细弱的纵旋纹，该纵旋纹在近口部的收缩沟前后尤为突显。缝合线未见。

比较 此菊石的副型标本与赵金科和郑灼官（1977）描述的一种类同，但均未见口饰围垂；当前的菊石标本与 *S. falcoplicatum* 都有近乎相同的口饰围垂，但前者壳面肋饰粗壮。易于区别。

产地和层位 江西上饶田墩黄坑；下二叠统上饶阶湖塘亚阶上部。

细肋上饶菊石 *Shangraoceras tenuicostatum* Ma et Li，1997

（图版 15，图 1～4；图版 16，图 1～4；图版 17，图 1～3；插图 5B）

材料 共有 11 块成年标本，其中一块完整且具有口饰围垂。

描述 壳体中等大，壳径 37～43.8mm（表 7－6），内卷，脐部闭合，呈厚饼状。腹部窄穹，侧部较扁平。旋环横断面略呈新月形。壳面饰有弯曲的细肋及纵旋纹，细肋自脐缘到腹中部，其间在侧部中围向前凸，弯曲呈宽圆弧形；细肋在腹中部向后凸，弯曲呈窄圆弧形，似腹弯。纵旋环在住室后部趋于消失。壳面近口部具有收缩沟，口缘向内有收缩现象。口缘腹侧部位发育有一对类似板条状象牙围垂。幼体壳面光滑无饰。

表 7－6　壳体度量

标本登记号	*D*	*H*	*W*	*H/D*	*W/D*
87017（Paratype）	40.0	22.0	21.0	0.50	0.52
87018（Paratype）	37.0	23.0	19.0	0.60	0.55
87019（Paratype）	40.0	23.3	25.3	0.58	0.63
87016（Holotype）	43.8	22.6	21.7	0.52	0.50

缝合线 腹叶窄长，呈舌状。侧叶宽短，下端圆。外鞍较侧鞍宽且高。

比较 此种壳形与 *S. falcoplicatum* 颇相似。但前者横肋窄细，纵旋纹在住室后部趋于消失；缝合线腹叶宽短。易于区别。

产地和层位 江西上饶田墩、四十八都和蔡家湾；下二叠统上饶阶湖塘亚阶上部。

弱肋上饶菊石 *Shangraoceras attenuatum* Ma et Li，1997

（图版 18，图 1～4；图版 19，图 1～3；图版 20，图 1～4）

材料 共有 4 块成年标本，其中 2 块标本具有口饰围垂，其中 1 块壳体最完整（表 7－7）。

描述 壳体中等大，壳径 37～47mm，内卷，脐部闭合，呈厚饼状。腹部窄穹。侧部较扁平。旋环横断面略呈新月形。壳体住室前部饰有弯曲的细肋和纵旋纹，细肋起自侧部中围到腹部中位，其间细肋向前弯凸，呈宽圆弧形，在腹部中位细肋向后弯，呈窄圆弧形，似腹弯；住室后部壳面光滑无饰。近口部有收缩沟，口缘略向内收缩。口缘的腹侧部位，发育有一对尖锥形象牙围垂。缝合线不详。

表 7-7　壳体度量

标本登记号	*D*	*H*	*W*	*H/D*	*W/D*
87017（Paratype）	48.0	27.0	24.0	0.56	0.50
87100（Holotype）	47.0	30.0	0.26	0.64	0.55

比较　此种壳形与 *S. tenuicostatum* 颇相似。但前者住室后部光滑无饰，口饰围垂较短且呈尖锥状。易于区别。

产地和层位　江西上饶田墩、四十八都、蔡家湾和黄泥坞；下二叠统上饶阶湖塘亚阶上部。

刺猬状菊石属 *Erinoceras* Zhao et Zheng，1977

铅山刺猬状菊石 *Erinoceras yanshanense* Ma et Li，1997

（图版 21，图 1～5；插图 5C）

材料　共有 10 块完好黄铁矿化标本，其中两块具有口饰围垂。壳体度量见表 7-8。

表 7-8　壳体度量

标本登记号	*D*	*H*	*W*	*H/D*	*W/D*
87024（Holotype）	11.8	6.1	5.4	0.52	0.46
87025（Paratype）	12.3	6.8	6.0	0.55	0.49
87026（Paratype）	9.6	5.7	6.0	0.59	0.63
87027（Paratype）	8.6	5.3	5.1	0.62	0.59
87028（Paratype）	6.2	3.4	4.3	0.55	0.69

描述　壳体小，壳径 6.2～12.3mm，内卷，脐部闭合，呈厚饼状。幼年期壳体较肥，旋环高度增长快，旋环高度大于厚度，横断面新月形。腹部窄穹侧部略凸。壳面具有横向褶纹，一个旋环内有 7 条收缩沟；成年期壳体偏扁，旋环高度增长变缓，旋环高度仍大于厚度，横断面近长方形。腹部微穹，腹侧缘明显，侧部扁平。壳面有褶纹起自脐部附近，向外延伸到侧部中围分叉为 2～3 条褶纹，到达腹侧缘继续延伸又分叉。该肋纹具有侧凸和腹凹。肋纹上发育有 11～13 列纵向排列的小疣节，其中，腹部 3 列和腹侧缘 1 列为纵延疣节，侧部 3 列为圆形疣节，近口部有一收缩沟。口缘的腹侧部位，发育有一对三棱形棒状象牙围垂，围垂外侧有一列纵向小齿或疣节。住室长达一个多旋环。

缝合线　腹叶窄长，下端圆，呈舌形；侧叶窄短，下端尖。侧鞍低于外鞍，鞍顶均圆。

比较　该种壳形与 *E. ellepticum* 颇相似。1977 年赵金科和郑灼官建立此属时，标本未见有口饰围垂。十年之后的 1987 年，我们在江西铅山采获该属较多标本，其中喜得两块该属具有口饰围垂的完好标本，补充完善了该属真貌。

产地和层位　江西铅山永平安洲村；下二叠统上饶阶湖塘亚阶下部。

象牙菊石属 *Elephantoceras* Zhao et Zheng，1977

扁锥象牙菊石 *Elephantoceras lenticonicum* Ma et Li，1997

（图版 21，图 8）

材料 仅有 1 块被挤压的黄铁矿化标本。壳体度量见表 7－9。

表 7－9 壳体度量

标本登记号	*D*	*H*	*W*	*H/D*	*W/D*
87031（Holotype）	13.0	6.6	6.7	0.51	0.52

描述 壳体小，壳径 13mm，内卷脐部闭合。呈厚饼状，旋环横断面呈新月形。腹部宽穹，侧部较凸。外旋环后部有两条收缩沟，该收缩沟具有腹凹和腹侧凸。壳面有 5 列旋向排列的疣节，分别在腹中部、腹侧缘和侧部外围。其中，腹侧缘间的 3 列疣节呈互生排列。另外，在侧部中围的后部和近口缘处各有 1 个小疣节。口部有收缩现象。口缘腹侧部位，发育有一对扁锥状象牙围垂。缝合线不详。

比较 此种在具有壳饰方面与 *E. nodosum* 颇相似。但前者仅有 5 列旋向排列的疣节，且腹侧缘间 3 列疣节呈互生排列。易于区别。

产地和层位 江西铅山永平安洲村；下二叠统上饶阶湖塘亚阶下部。

尖锥象牙菊石 *Elephantoceras acroconicum* Ma et Li，1997

（图版 21，图 9）

材料 共有 3 块黄铁矿化标本，其中，有 1 块为幼体，两块为被挤压变形的成年壳体中，有一块壳体面貌基本保留。

描述 壳体小（表 7－10），内卷脐部闭合，呈亚球状，旋环横断面呈新月形。幼年期壳面有收缩沟；成年期壳面有细的横向细肋纹，肋纹上具有 7 列旋向排列的疣节。其中腹中部、腹侧缘和侧部外围为 5 列粗疣节。在腹中位粗疣节两侧，各有 1 列小疣节。口部有收缩现象。口缘腹侧部位发育有 1 对尖锥状象牙围垂，在该围垂外侧后部又各有 1 个疣节。缝合线不详。

表 7－10 壳体度量

标本登记号	*D*	*H*	*W*	*H/D*	*W/D*
87033（Paratype）	17.7	4.0	4.2	0.52	0.67

比较 此种与 *E. lenticonicum* 的壳形及壳饰近似。前者口缘腹侧部位的围垂呈尖锥状，在该围垂外侧后部又各有 1 个疣节；前者比后者多 2 列纵旋排列的疣节数，且腹侧缘间的 5 列疣节为对生排列；腹中位 1 列粗疣节的两侧各有 1 列小疣节。易于区别。

产地和层位 江西铅山永平安洲村；下二叠统上饶阶湖塘亚阶下部。

棱菊石目 Goniatitina Hyatt，1884

腹菊石超科 Gastrioceratacea Ruzhensev，1951

副腹菊石科 Paragastrioceratidae Ruzhencev，1951

网纹腹菊石属 *Retiogastrioceras* Zhao，Liang et Zheng，1978

安福网纹腹菊石 *Retiogastrioceras anfuense* Ma，2012

（图版 1，图 13～28；插图 6）

描述 壳体偏小（表 7－11），内卷，呈扁球状。旋环高度接近于厚度，横断面略呈半圆形。壳体最厚处位于脐缘附近。壳面饰有纵旋纹，与腹中棱上向后弯的弧形生长纹相交成网纹。脐部小，约占壳径的 1/6，脐缘圆。脐壁陡。

表 7－11 壳体度量

标本登记号	*D*	*H*	*W*	*U*	*H/D*	*W/D*	*U/D*
85018（Holotype）	21	12	14	3.5	0.57	0.67	0.17
85019（Paratype）	25	15	12	4	0.60	0.48	0.16
85020（Paratype）	23	12.5	13	3.5	0.54	0.57	0.16
85022（Paratype）	62.5	13	13.5	5.5	0.40	0.42	0.17
85024（Paratype）	20	9	10	4	0.45	0.50	0.2
85026（Paratype）	19	10	9	3	0.53	0.47	0.16

缝合线 腹叶宽，被高的腹中鞍分为两个下端尖的腹支叶，侧叶宽呈倒钟状，外鞍较高。

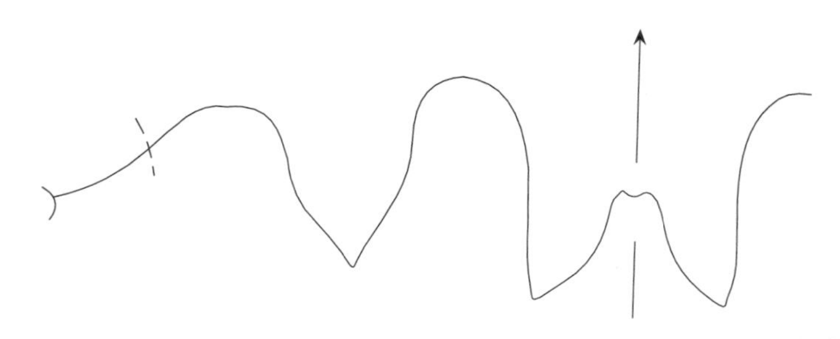

插图 6 *Retiogastrioceras anfuense* Ma 的缝合线，*D*=20.5mm（85018）

比较 该此种的壳形及壳饰与 *R. compressum* 颇相似，但前者缝合线外鞍较宽，腹支叶略窄。

产地和层位 江西安福北华山、观溪；上二叠统乐平阶三阳亚阶下部。

平都腹菊石属 *Pingdugastrioceras* Ma，2012

属型 *Pingdugastrioceras tenium* Ma，2012

定义 壳体呈饼状或扁球状，内卷，腹部圆或窄而尖。侧部宽或较宽且微凸。壳面饰有纵旋纹。脐小且浅，脐缘较圆。缝合线腹叶被腹中鞍分为两个较长的腹支叶，侧叶呈倒钟状。

比较 此属的壳形与 *Retiogastrioceras* 有些相似，但前者壳面具有纵旋纹，壳体偏薄。

分布和时代 江西；晚二叠世早期。

薄体平都腹菊石 *Pingdugastrioceras tenium* Ma，2012

（图版 2，图 22～27；图版 3，图 1～6；插图 7）

描述 壳体中等大，壳径 25～36.5mm（表 7-12），内卷，呈饼状。旋环高度大于厚度，横断面呈椭圆形。腹部窄穹或略尖。侧部宽，微凸。壳面饰有弱的纵旋纹。脐部小，约占壳径的 1/7；脐浅，脐缘圆。

表 7-12 壳体度量

标本登记号	*D*	*H*	*W*	*U*	*H/D*	*W/D*	*U/D*
85028（Holotype）	36.5	18.0	12.5	5	0.46	0.34	0.14
85029（Paratype）	26.0	16.0	11.5	3.5	0.58	0.44	0.13
85030（Paratype）	27.0	14.5	9	4	0.54	0.33	0.15
85031（Paratype）	32.0	19.0	9.5	4.5	0.59	0.30	0.14

缝合线 腹叶很宽，被腹中鞍分为两个腹支叶，侧叶很宽，呈倒钟状；外鞍较窄，鞍顶均圆。

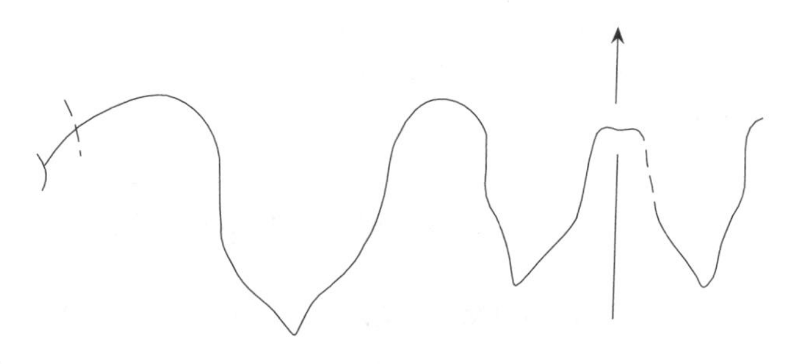

插图 7 *Pingdugastrioceras tenium* Ma 的缝合线，*D*=27.5mm（85028）

产地和层位 江西安福北华山；上二叠统乐平阶三阳亚阶下部。

安福平都腹菊石 *Pingdugastrioceras anfuense* Ma，2012

（图版 2，图 1～21；插图 8）

描述 壳体小至中等大，壳径 19～35.5mm（表 7-13），内卷，呈厚饼状或扁球状。旋环高度近于厚度，横断面呈半椭圆形。腹部窄穹，具有一条尖的腹中棱，侧部微凸。壳面饰有纵旋纹，侧部有向后斜弯的生长纹。脐部小，约占壳径的 1/5；脐缘圆，脐壁陡。

表 7-13　壳体度量

标本登记号	*D*	*H*	*W*	*U*	*H/D*	*W/D*	*U/D*
85021 (Paratype)	22	12	13	—	0.54	0.50	—
85026 (Paratype)	19	10	9	3	0.53	0.47	0.16
85027 (Paratype)	25	13.6	11.5	4	0.54	0.45	0.11
85032 (Holotype)	23	15	15	5.5	0.54	0.54	0.20
85033 (Paratype)	34	18	19	6.5	0.53	0.56	0.19
85034 (Paratype)	35.5	19.5	19	7	0.55	0.54	0.20
85035 (Paratype)	33	17	20	6	0.52	0.61	0.18

缝合线　腹叶宽，被较高的中鞍分为两个较长腹支叶；侧叶中等宽，呈倒钟状；外鞍窄且高。

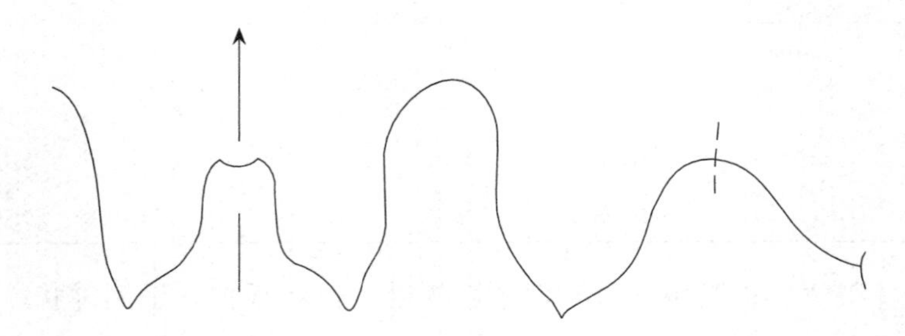

插图 8　*Pingdugastrioceras anfuense* Ma，*D*=28mm (85032)

比较　此种的缝合线颇似 *Retiogastrioceras*，但前者壳面无明显的横向生长纹；此种的壳饰与 *P. tennium* 相同，但前者壳体厚，缝合线腹中鞍低。易于区别。

产地和层位　江西安福北华山；上二叠统乐平阶三阳亚阶下部。

道比赫菊石属 *Daubichites* Popo，1963

盘状道比赫菊石 *Daubichites discus* Ma，2012

(图版 3，图 7～11；插图 9a)

材料　仅有两块较完整的标本。

描述　壳体半外卷，呈盘状。腹部穹圆，旋环横断面呈半椭圆形。壳面饰有均匀的纵旋纹，脐缘到侧部内围有向前斜的粗短肋。脐部较宽，约占壳径的 1/3；脐缘圆，脐浅，脐壁陡斜。

缝合线　腹叶宽，二分叉；侧叶呈倒钟状。外鞍高，侧鞍宽且低于外鞍。

比较　此种与 *D. shouchangensis* Zhao et Zheng 的壳形颇相似。但前者壳体较薄，脐缘到侧部内围有短肋，缝合线外鞍较宽。易于区别。

产地和层位 江西上饶田墩黄坑；下二叠统上饶阶湖塘亚阶上部。

窄叶菊石属 *Stenolobulites* Mikesh, Glenister et Furnish, 1988

肥厚窄叶菊石 *Stenolobulites tumitus* Ma, 2012

（图版3，图12～15；图版28，图1～4；插图9b）

材料 共有3块黄铁矿化标本，其中仅有1块成年标本。

描述 壳体小，壳径22mm，半外卷，呈亚盘状。腹部穹圆，侧部凸，旋环横断面近圆方形。壳面饰有明显的纵旋纹和较弱的生长纹，生长纹具有浅的腹凹和腹侧凸。外旋环后部脐缘附近有短褶纹，该褶纹向前变弱，到气室前部基本消失。脐部较小，约占壳径的1/4；脐缘圆，脐壁高且陡。

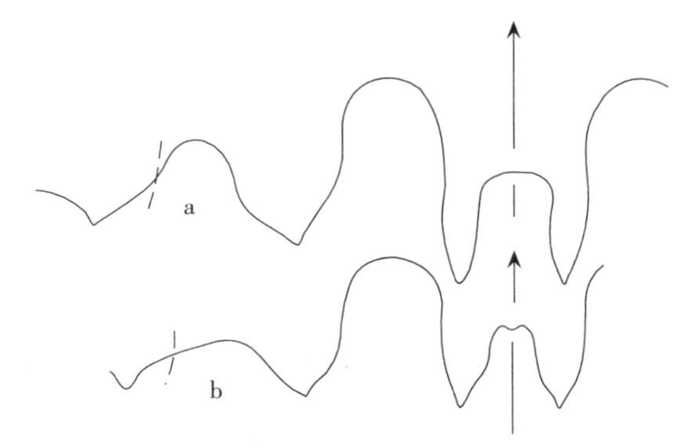

插图9 盘状道比赫菊石和肥厚窄叶菊石的缝合线

a. *Daubichites discus* Ma，$D=24$mm（87035）

b. *Stenolobulites tumitus* Ma，$D=23$mm（87037）

缝合线 腹叶宽，二分叉，腹支叶呈披针形；侧叶和脐叶均呈倒钟状；外鞍高于侧鞍。

产地和层位 江西铅山永平安洲村；下二叠统上饶阶湖塘亚阶下部。

瘤腹菊石科 Nodogastrioceratidae Ma et Li, 1998

描述 壳体较小，半外卷到外卷，呈饼状或盘状。侧部有突出的肋或瘤状肋。缝合线为棱菊石式。

讨论 该菊石科与副腹菊石科相同之处，在于它们的缝合线都为棱菊石式，壳面都有密集的纵旋纹。但前者侧部有拱起肋或瘤状肋，且外旋环前部的瘤状肋的突出更高。前者缝合线腹叶长度大于宽度，被低的腹中鞍分为二，或被高的腹中鞍分为两个披针形腹支叶，易与后者区别（表7-14）。古生物学家们在菊石的分类系统命名中，看重亲缘性的遗传与继承，因此将腹菊石超科的词冠Gastrio作为该菊石超科下科、属命名的词根。本菊石科以壳面有腹菊石超科的纵旋纹，又有本菊石科独有的壳面肋瘤，二者兼顾，取名为瘤腹菊石科Nodogastrioceratidae。

表 7-14 两个菊石科特征对比表

菊石科名	Paragastrioceratidae	Nodogastrioceratidae
壳体旋卷	近内卷或外卷	半外卷和外卷
旋环断面	半椭圆形	近方形
壳饰	未成年，脐缘或侧部内侧围有疣节或横肋；成年期侧部的疣节或横肋逐渐变弱或消失	未成年期，脐缘或侧部内围有疣节或横肋；成年期侧部疣节或横肋更加发育且特突，呈刺状瘤或拱形瘤状肋
缝合线	腹叶宽度大于或近于长度	腹叶宽度小于或等于长度；腹支叶呈披针形

分布时代 华南；早二叠世晚期。

瘤腹菊石属 *Nodogastrioceras* Ma et Li，1998

属型 *Nodogastrioceas discum* Ma et Li，1998

描述 壳体小到中等大，呈亚盘状或盘状。壳面饰有生长纹和明显的纵旋纹，内旋环有疣节或细肋，外旋环侧部具有肋或瘤状肋。住室长达一个旋环。缝合线为棱菊石式。腹叶窄长二分。腹鞍低，腹支叶短而尖。侧叶短，近倒钟状，外鞍窄且高。

分布和时代 江西早二叠世晚期。

盘状瘤腹菊石 *Nodogastrioceras discum* Ma et Li，1998

（图版 22，图 1～5；插图 10A）

材料 共有 12 块黄铁矿化标本，因受挤压，标本多有变形。

描述 壳体小至中等大，壳径 13.6～24.0mm（表 7-15），外卷。呈盘状。旋环厚度大于高度，横断面呈方形。腹部宽穹。侧部自外向内倾斜。壳面饰有明显的总旋纹和横生纹，两者在侧部交织成网格状。横生纹具有腹凹和腹侧凸。侧部肋瘤发育，内旋环侧部有细肋，外旋环侧部具有横向长瘤或瘤状肋，该瘤状肋呈拱形，拱顶位于侧部中围，向前拱顶逐渐外移，到外旋环前部拱顶则位于腹侧缘处。脐部较宽，约占壳径的 2/5；脐缘圆，脐壁低斜。

表 7-15 壳体度量

标本登记号	*D*	*H*	*W*	*U*	*H/D*	*W/D*	*U/D*
87040（Holotype）	18.2	7.0	8.5	7.0	0.38	0.47	0.38
87041（Paratype）	24.0	7.8	7.0	10.7	0.36	0.29	0.45
87043（Paratype）	14.4	4.1	7.0	7.3	0、28	0.49	0.51
87044（Paratype）	16.0	5.3	7.2	5.3	0.33	0.45	0.33

缝合线 腹叶窄长，被腹中鞍分为两个尖且较长的腹支叶，侧叶近似倒钟状；外鞍高于侧鞍。鞍顶均圆。

产地和层位 江西铅山永平安洲；下二叠统上饶阶湖塘亚阶下部。

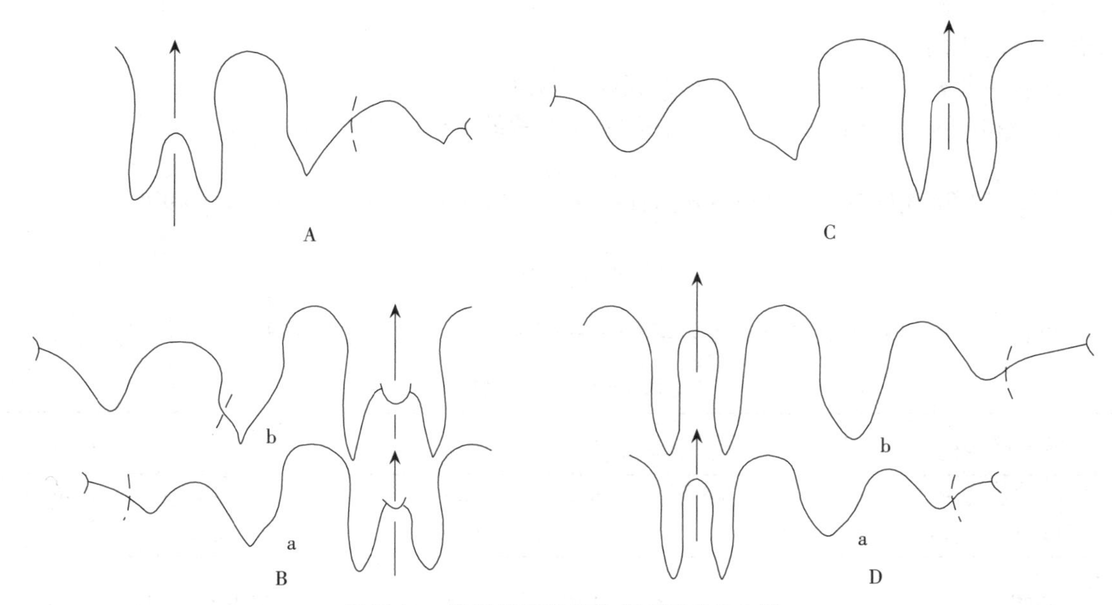

插图 10　瘤腹菊石科部分菊石属种缝合线

A. *N. discum* Ma et Li，D=18mm（87040）

B-a. *N. regulare* Ma et Li，D=10mm（87062）

B-b. *N. regulare* Ma et Li，D=12mm（87057）

C. *Yongpingoceras yongpingense* Ma et Li，D=18mm（87063）

D-a. *Y. yanshanense* Ma et Li，D=10mm（87066）

D-b. *Y. yaoshanense* Ma et Li，D=12mm（87073）

规则瘤腹菊石 *Nodogastrioceras regulare* Ma et Li，1998

（图版 22，图 6～10；插图 10B-a、B-b）

材料　共有 6 块标本，其中仅有 2 块标本较为完好。

描述　壳体小，壳径 9～17mm（表 7-16），外卷，呈盘状。腹部宽，微穹；侧部窄，由腹侧缘向内倾斜。旋环厚度大于高度，旋环横断面呈低梯形。未成年期壳面有收缩沟。成年期壳面饰有明显的纵旋纹和生长纹，两者在腹部交织成网格状。侧部有向前斜伸的横肋，该肋伸到腹侧缘处拱起更高，呈现为瘤状肋，脐部较宽，约占壳径的 2/5；脐缘明显，脐壁陡直。

表 7-16　壳体度量

标本登记号	D	H	W	U	H/D	W/D	U/D
87057（Holotype）	15.6	4.6	6.7	6.1	0.30	0.43	0.39
87058（Paratype）	17.0	4.4	5.8	6.3	0.26	0.34	0.37
87059（Paratype）	9.0	3.1	4.9	4.0	0.34	0.54	0.44
87060（Paratype）	9.1	3.8	7.0	2.8	0.42	0.77	0.31
87062（Paratype）	15.1	4.5	6.8	6.2	0.30	0.45	0.41

缝合线 腹叶长略大于宽，被腹中鞍分为两个腹支叶，侧叶为倒钟状，脐叶呈V形。外鞍窄且高于侧鞍。

比较 此种与 *N. discum* 的壳形及壳饰极相似。但前者腹部较凸。

产地和层位 江西铅山县永平安洲村；下二叠统上饶阶湖塘亚阶下部。

环肋瘤腹菊石 *Nodogastrioceras cyclocostatum* Ma et Li，1998

（图版23，图1～3）

材料 共有3块黄铁矿化标本，其中2块壳体完好。壳体度量见表7-17。

表7-17 壳体度量

标本登记号	*D*	*H*	*W*	*U*	*H/D*	*W/D*	*U/D*
87050（Paratype）	31.8	8.6	10.1	12.7	0.27	0.32	0.40
87049（Holotype）	29.2	6.7	9.8	11.3	0.23	0.34	0.39

描述 壳体中等，壳径30mm左右，外卷，呈亚盘状。侧部窄且自腹侧缘向脐部倾斜，旋环横断面近方形。住室达一个多旋环。壳面饰有横向生长纹和明显的纵旋纹，两者在腹部交织成网格状。侧部乃至近腹侧缘处，具有瘤状肋。该瘤状肋起自脐缘，在侧部向前斜，到腹侧缘处转向后斜，腹部肋略具腹弯，此瘤状肋呈拱形，拱顶位于腹侧缘处，拱顶肋高略大于肋宽。脐部宽，约占壳径的2/5；脐缘圆。脐壁低陡。未见缝合线。

比较 此种与 *N. discum* 的壳形有些相似，但前者侧部的瘤状肋已经延伸到腹部。易于区别。

产地和层位 江西铅山县永平安洲村；下二叠统上绕阶湖塘亚阶下部。

大型瘤腹菊石 *Nodogastrioceras gigantum* Ma，1998

（图版24，图4）

材料 仅有1块黄铁矿化标本，标本受侧向挤压，出现壳体变形。

描述 壳体较大，壳径约50mm，外卷，呈盘状。侧部较宽，微凸。壳面饰有生长纹和细密的纵旋纹；侧部具有起自脐缘至腹侧缘向前斜伸、隆起较高的瘤状肋。瘤状肋呈拱形，拱顶位于侧部中围。脐部宽，占壳径的1/2。脐缘浑圆，脐壁低斜。缝合线未见。

产地和层位 江西铅山永平安洲村；下二叠统上饶阶湖塘亚阶下部。

永平菊石属 *Yongpingoceras* Ma et Li，1998

属型 *Yongpingoceras yonngpingense* Ma et Li，1998

描述 壳体外卷，呈盘状。腹部宽凸，侧部微凸或内倾。侧叶呈倒钟状。壳面有纵旋纹，侧部具有肋或突出的长瘤。缝合线为棱菊石式，腹叶二分，腹支叶窄长，呈披针形。

讨论 此属与 *Nodogastrioceras* 的壳形和壳饰颇为相似。但前者缝合线腹叶窄长，腹中鞍相当高，分出两个窄长的腹支叶，呈披针形。

分布和时代 江西；早二叠世晚期。

永平永平菊石 *Yongpingoceras yongpingense* Ma et Li，1998

（图版23，图4、5；插图10C）

材料 仅有2块黄铁矿化标本，其中有1块较完好。壳体度量见表7－18。

表7－18 壳体度量

标本登记号	*D*	*H*	*W*	*U*	*H/D*	*W/H*	*U/D*
87063（Holotype）	18.7	6.8	8.4	7.0	0.36	0.45	0.37
87064（Holotype）	18.4	6.1	9.3	8.2	0.33	0.51	0.45

描述 壳体小，壳径约20mm，外卷，呈盘状。腹部宽微穹，侧部凸。旋环厚度略大于高度，横断面近椭圆形。壳面饰有弱的横生纹和明显的纵旋纹。侧部内旋环和外旋环后部有褶纹或细肋，到外旋环前部细肋变粗，且隔一肋有一瘤状肋，该瘤状肋在近腹侧缘处，局部突出呈乳头状瘤。脐部中等宽，约占壳径2/5；脐缘圆，脐壁低斜。

缝合线 腹叶窄长，腹中鞍相当高，分腹叶为两个窄长的腹支叶，呈披针形；侧叶呈倒钟状；脐叶近V形，下端圆。外鞍高于侧鞍，鞍顶均圆。

产地和层位 江西铅山县永平安洲村；下二叠统上饶阶湖塘亚阶下部。

铅山永平菊石 *Yongpingoceras yanshanense* Ma et Li，1998

（图版23，图6；图版24，图1～3；插图10D－a）

材料 共有7块黄铁矿化标本，其中4块标本较完好。

描述 壳体小，壳径6.7～21.5mm（表7－19），外卷，呈饼状。腹部穹圆。侧部微凸，旋环高度大于厚度，横断面近椭圆形。旋环增长较快，住室长达一个旋环。壳面饰有纵旋纹，侧部内旋环和外旋环后部有褶纹或细肋，到外旋环前部发育为肋或瘤状肋。脐部中等宽，约占壳径的1/3；脐缘圆，脐壁陡直。

表7－19 壳体度量

标本登记号	*D*	*H*	*W*	*U*	*H/D*	*W/D*	*U/D*
87066（Holotype）	21.5	8.1	8.1	7.1	0.38	0.38	0.33
87067（Paratype）	16.7	7.3	6.4	4.8	0.44	0.38	0.29
87068（Paratype）	19.8	5.8	5.7	7.0	0.29	0.29	0.35

缝合线 腹叶窄长，被窄且特高的腹中鞍分为两个呈披针形的腹支叶；侧叶宽，呈倒钟状。外鞍高于侧鞍，鞍顶均圆。

比较 此种与 *Y. yongpingenes* 的缝合线颇为相似。但前者壳体呈饼状，壳面瘤状肋不甚发育。

产地和层位 江西铅山县永平安洲村；下二叠统上饶阶湖塘亚阶下部。

窑山永平菊石 *Yongpingoceras yaoshanense* Ma et Li, 1998

（图版24，图5、6；插图10D-b）

材料 共有4块标本，其中仅有1块成年期标本。壳体度量见表7-20。

表7-20 壳体度量

标本登记号	*D*	*H*	*W*	*U*	*H/D*	*W/D*	*U/D*
87073（Holotype）	19.6	7.8	8.2	6.5	0.40	0.20	0.33
87074（Paratype）	15.0	4.1	6.5	5.4	0.27	0.43	0.36
87075（Paratype）	12.1	3.5	5.0	4.1	0.19	0.41	0.34
87076（Paratype）	10.3	3.3	4.2	4.0	0.32	0.41	0.39

描述 壳体小，壳径10.3～19.6mm，半外卷，呈盘状。腹部穹圆，侧部较凸，旋环高度小于厚度，横断面近椭圆形。内旋环及外旋环后部壳面有收缩沟。壳面饰有纵旋纹，内旋环脐缘附近有褶纹；外旋环侧部有向前斜伸的横肋，该肋在外旋环前部显著突起，呈瘤状肋。脐部中等宽，约占壳径的1/3。住室长达一个旋环。

缝合线 腹叶长，被高的腹中鞍分成两个窄长、呈披针形的腹支叶；侧叶呈倒钟状；脐叶较短。外鞍高于侧鞍，鞍顶均圆。

比较 此种与 *Y. yongpingense* 的壳形和缝合线颇相似。但前者腹部穹圆，外旋环后部及内旋环壳面有收缩沟。易于区别。

产地和层位 江西铅山县永平安洲村；下二叠统上饶阶湖塘亚阶下部。

新似菊石超科 Neoicocerataceae Hyatt, 1900

伴卧菊石科 Metalegoceratidae Plummer and Scott, 1937

伴卧菊石属 *Metalegoceras* Schindowolf, 1931

江西伴卧菊石 *Metalegoceras jiangxiense* Ma, 2012

（图版3，图16、17；图版30，图6；插图11）

材料 仅有1块标本，且有1个侧面被损。

描述 壳体近内卷，呈厚饼状。腹部宽微穹。侧部略窄微凸。旋环高度大于厚度，横断面似矩形。脐部中等宽，约占壳径的1/3；脐缘亚角状，脐部中等深，脐壁陡直。壳面腹侧缘有一明显细的纵旋棱，该棱两侧各有一窄且浅的沟。

缝合线 腹叶二分叉，腹支叶呈披针形；侧叶较宽长，呈倒钟状；脐叶短，呈V形，外鞍高于侧鞍。

比较 此种与 *M. liratum* Zhao et Zheng 的壳形有些相似，但前者壳面光滑，唯腹侧缘具有一条明显且细的纵旋棱，缝合线侧叶和脐叶均较长，易于区别。

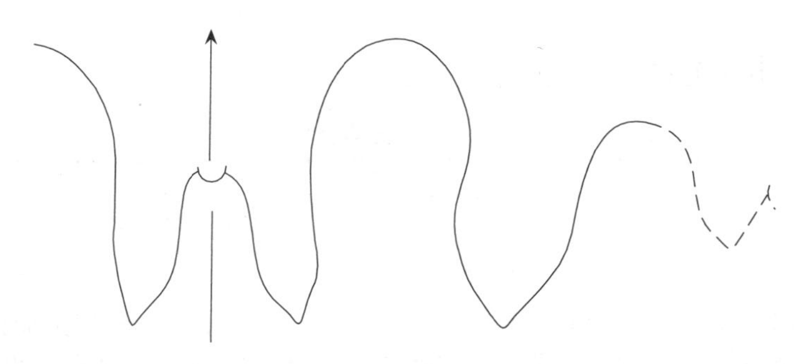

插图 11 *Metalegoceras jiangxiense* Ma 的缝合线，D=45mm（87078）

产地和层位 江西上饶田墩黄坑；下二叠统上饶阶湖塘亚阶上部。

环叶菊石超科 Cyololobiceae Zittel，1895

环叶菊石科 Cyololobidae Zittel，1903

孤峰菊石亚科 Kufengoceratinae Zhao，1980

桐庐菊石属 *Tongluceras* Zhao et Zheng，1977

大型桐庐菊石 *Tongluceras gigantum* Ma，1996

（图版 25，图 1、2；插图 12e）

材料 仅有 2 块残缺的大标本。壳体度量见表 7 - 21。

表 7 - 21 壳体度量

标本登记号	D	H	W	U	H/D	W/D	U/D
87079（Holotype）	74.1	36.5	63.7	14.7	0.49	0.86	0.20
87080（Paratype）	79.8	37.7	72.5	17.8	0.47	0.92	0.22

描述 壳体相当大，壳径 74.1～79.8mm，内卷，呈亚球状。腹部及侧部均穹圆，旋环横断面呈新月形。壳面光滑无饰。脐部小，约占壳径的 1/5。脐缘圆，脐壁陡直。

缝合线 腹叶宽，上部收缩，被高的腹中鞍分为两个腹支叶。腹支叶下端内侧具有两个齿。腹叶两侧各有 5 个侧叶，侧叶下端各分别有 4～6 个齿。

比较 此种与 *Tongluceras lengwuliense* 相似。但前者壳体相当大，脐部较宽。缝合线腹中鞍窄而高，侧叶长且后端分别有 4～6 个齿。

产地和层位 江西上饶田墩黄坑；下二叠统上饶阶湖塘亚阶上部。

上饶桐庐菊石 *Tongluceras shangraoense* Ma，1996

（图版 27，图 1；插图 12d）

材料 仅有 1 块完好标本。壳体度量见表 7－22。

表 7－22 壳体度量

标本登记号	D	H	W	U	H/D	W/D	U/D
87085（Holotype）	70.3	38.6	40.3	6.1	0.55	0.37	0.09

描述 壳体大，壳径 70.3mm，内卷，呈扁球状。腹部穹圆，侧部宽而微凸，旋环高度大于厚度，横断面呈新月形。壳面光滑。住室长达一个多旋环。脐部小，约占壳径的 1/10；脐浅，脐缘圆，脐壁低陡。

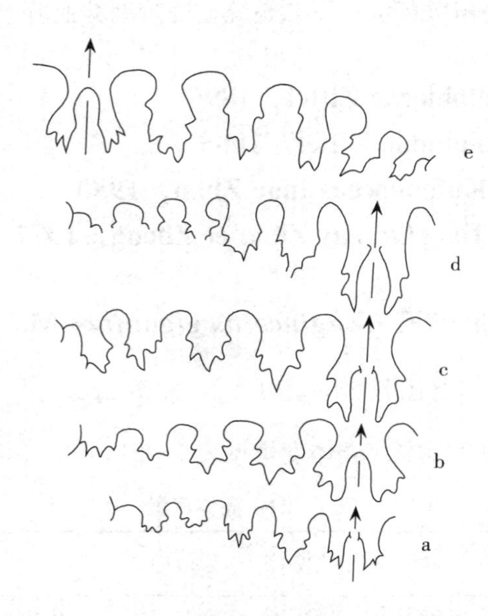

插图 12 环叶菊石科部分菊石属种的缝合线类型

a. *Ototongluceras caijiaense* Ma et Li，D=42mm（87083）

b. *Ototongluceras caijiaense* Ma et Li，H=12mm（87084）

c. *Paratongluceras jiangxiense* Ma et Li，W=27mm（87082）

d. *Tongluceras shangraoceras* Ma et Li，D=70.3mm（87086）

e. *Tongluceras gigantum* Ma et Li，D=74.1mm（87079）

缝合线 腹叶长，上部收缩，被特高的腹中鞍分为两个窄且长的腹叶，腹支叶下端尖，内侧有 2 个齿；腹叶两侧各有 5 个侧叶，其中第 1～3 侧叶下端各有 6 个齿，第 4、5 侧叶下端各有 4 个齿。

比较 此标本壳体形状较扁，缝合线腹叶最长，具有 5 个侧叶。其壳体形状较扁，壳面外旋环具有收缩沟，据此似乎应该归属于 *Paratongluceras*，但此菊石属仅有 4 个侧叶，不妥；就缝合线具有的侧叶数考虑，暂归属于 *Tongluceras*。

产地和层位 江西上饶花厅；下二叠统上饶阶湖塘亚阶上部。

副桐庐菊石属 *Paratongluceras* Zhao et Zheng，1977

江西副桐庐菊石 *Paratongluceras jiangxiense* Ma，1996

（图版 27，图 2、4；插图 12c）

材料 有 3 块完好标本。壳体度量见表 7-23。

表 7-23 壳体度量

标本登记号	*D*	*H*	*W*	*U*	*H/D*	*W/D*	*U/D*
87088（Paratype）	53.1	26.5	35.9	6.0	0.59	0.68	0.11

描述 壳体较大，壳径 34～53.1mm，内卷，呈亚球状。腹部及侧部均穹圆，旋环横断面呈新月形。壳面具有极弱的生长纹，在腹部和腹侧部有极弱的纵旋纹。外旋环具有 4 条收缩沟，收缩沟在腹部和腹侧部较为明显，到侧部渐弱乃至消失。住室长达一个旋环。脐部小，约占壳径的 1/8；脐缘圆，脐较深，脐壁直立。

缝合线 腹叶长，二分叉，腹支叶内侧有 2 个齿；腹叶两侧各有 4 个掌状侧叶，侧叶下端均有 5 个齿。

比较 此种与 *P. subglobosum* Zhao et Zheng 的壳形颇相似，但前者壳体较厚，壳面有极弱的生长纹和纵旋纹，缝合线腹叶长，易于区别。

产地和层位 江西上饶应家；下二叠统上饶阶湖塘亚阶上部。

耳桐庐菊石属 *Ototongluceras* Ma ，1996

属型 *Ototongluceras caijiaense* Ma et Li，1996

定义 壳体亚球状，内卷，脐缘凸出，呈锐角尖耳状。壳面有极弱的生长纹和纵旋纹，外旋环有收缩沟。缝合线有 4 对侧叶，下部膨胀，下端有 3～4 个齿。

讨论 此属与 *Paratongluceras* 的缝合线颇相似。但前者脐缘凸出呈耳状。根据特化的壳形和退化的缝合线特征，此属很可能是 *Tongluceras* 在退化过程中壳体出现特化的一个支系。

分布和时代 江西；早二叠世晚期。

蔡家耳桐庐菊石 *Ototongluceras caijiaense* Ma，1996

（图版 26，图 1、3；插图 12a、b）

材料 共有 4 块硅质气室标本。其中，1 块有损缺；1 块受挤压略有变形；幸有 2 块十分完整的标本。壳体度量（表 7-24）这一块是刘隆光先生赠送的标本。

表 7-24 壳体度量

标本登记号	*D*	*H*	*W*	*U*	*H/D*	*W/D*	*U/D*
87081 (Paratype)	40.1	24.5	31.4	6.3	0.61	0.78	0.16
87082 (Holotype)	34.0	18.7	27.0	4.5	0.55	0.79	0.13
87083 (Holotype)	41.7	19.2	32.6	6.7	0.46	0.78	0.16

描述 壳体中等大，其间 7～42mm，内卷，呈亚球状。腹部和侧部穹圆，旋环横断面呈新月形。壳面饰有极弱的生长纹和纵旋纹，外旋环有 4 条收缩沟。脐部小，约占壳径的 1/5，脐缘凸出，呈尖锐耳状，脐深，脐壁陡直。

缝合线 腹叶宽短，被高的腹中鞍分为 2 个腹支叶；腹支叶下端尖，内侧有 2 个突出的齿。腹叶两侧各有 4 个侧叶，侧叶下端有 3～5 个齿。

产地和层位 江西上饶四十八都煤矿旁、蔡家湾；下二叠统上饶阶湖塘亚阶上部。

齿菊石目 Ceratitida Hyatt，1884

外盘菊石超科 Xenodiscaceae Frech，1902

副色尔特菊石科 Paraceltitidae Spath，1930

副色尔特菊石属 *Paraceltites* Gemm，1887

美丽副色尔特菊石 *Paraceltites elegans* Girty，1908

（图版 3，图 18～21；插图 13）

Spinosa，Furnish et Glenister，1975；赵金科、郑灼官，1977，278 页，图版Ⅴ，图 11、12；郑灼官，1984，191～192 页，图版 1，图 1。

材料 共有如下三块标本，其中一块较完好：

1975 年由 Spinosa，Furnnish et Glenistes 发现，见原刊 249～255 页图 3；1977 年由赵金科、郑灼官发现，见原刊 278 页、图版 V，图 11、12；1984 年由郑灼官发现，见原刊 191～192 页图版 1，图 1。

描述 壳体小至中等大，外卷，呈盘状。腹部穹圆，侧部扁平，旋环横断面呈半椭圆形。壳面侧部饰有 S 形短褶或生长纹。

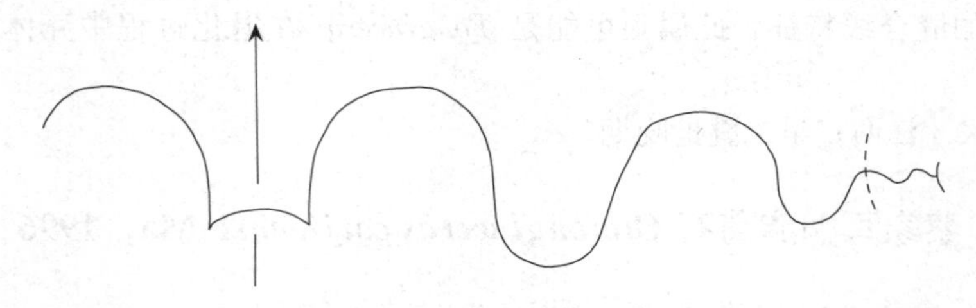

插图 13 *Paraceltites elegans* Glerty 的缝合线，*H*=8mm（87103）

缝合线 腹叶短，被低的中鞍分为 2 个短小的腹支叶，侧叶较长且宽，下端宽圆，呈舌状；外鞍较侧鞍宽，鞍顶均圆。

产地和层位 江西上饶四十八都蔡家湾；下二叠统上饶阶湖塘亚阶上部。

齿菊石超科（新超科）Ceratitaceae Ma（sup. nov.）

（插图 14、插图 15）

描述　壳体大小不等，壳形呈饼状、轮状或飞碟状。旋环横断面呈矛状、盔状或三角形等。腹部呈尖棱、屋脊、宽穹状，或宽穹添加 1～3 条腹棱。侧部微凹或特凸。脐缘不凸、凸到特凸呈高耳状。缝合线由所有叶部无齿，首先进化到侧叶有齿，接着进化到脐叶有齿，最后进化到助线系出现小齿。

讨论　本超科所含的 4 个菊石科生存于晚二叠世早期，化石存在于乐平阶三阳亚阶。齿菊石超科（新超科）Ceratitaceae Ma（sup. nov.）中所含的 4 个菊石科是一个具有亲缘性的谱系演化序列，完成这 4 个菊石科的进化有 3 步：第一步，从原始的缝合线叶部均齿的安德生菊石科 Anderssonoceratidae Ruzhencev，进化为缝合线上侧叶有齿的花桥菊石科 Huaqiaoceratidae Ma。第二步，出现缝合线上脐叶有齿的阿拉斯菊石科 Araxoceratidae Ruzhencev。第三步，在缝合线侧叶和脐叶有齿的基础上，助线系添加 1～4 个独立小叶，小叶下端具有 2～4 枚，即进化为小齿宜春菊石科 Yichunoceratidae。上述 4 科菊石科的进化，体现在菊石缝合线的三步进化上，尤其是在菊石缝合线侧叶有齿之后，第二步和第三步的进化，总是要在先继承上一代侧叶有齿或先继承上上一代侧叶有齿和上一代脐叶有齿之后，再作下一步缝合线进化。整个进化过程呈现一个罕见又完美，且具有亲缘性的谱系演化系列。中国江西（插图 14）和墨西哥科阿韦拉州（插图 15）两地菊石的缝合线呈现相同的谱系演化序列。

分布和时代　中国华南、日本、伊朗、俄罗斯外高加索和北美墨西哥；晚二叠世早期。

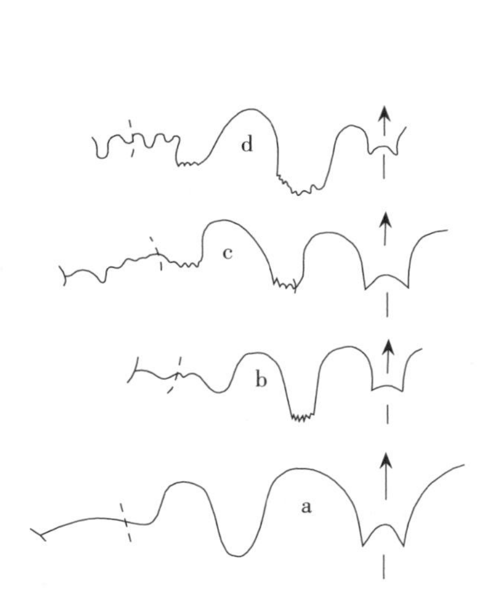

插图 14　中国江西齿菊石超科中的科属缝合线类型

a. *Anderssonocehras simplex* Zhao

b. *Huaqiaoceras jiangxiense* Ma

c. *Araxoceras kiangsiense* Zhao

d. *Yichunoceras multilobatum* Ma

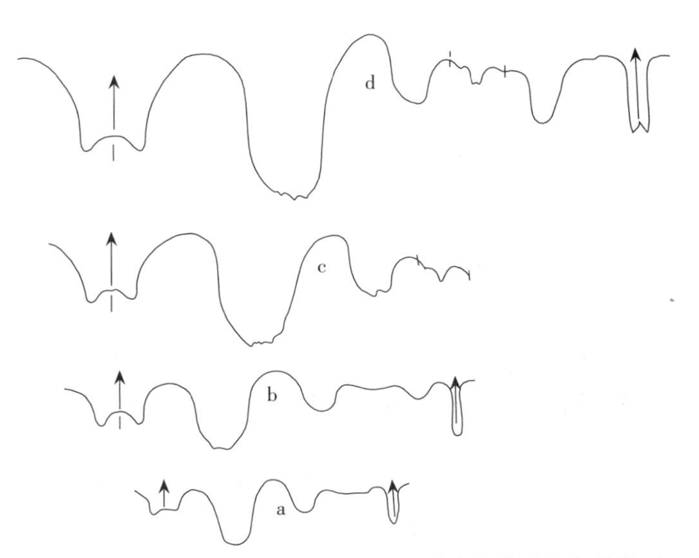

插图 15　墨西哥科阿韦拉州齿菊石超科中的科属缝合线类型

a. *Kingoceras kingi* Miller

b. *Coloradaceras kingi* Ma

c. *Eoaraxoceras ruzhencevi* Spinosa

d. *Caohuilaceras latiumbilicatum* Ma

安德生菊石科 Anderssonoceratidae Ruzhencev, 1959

平盘菊石亚科 Planodiscoceratinae Zhao et Zheng, 1978

扁色尔特菊石属 *Lenticoceltites* Zhao, Liang et Zheng, 1978

中型扁色尔特菊石 *Lenticoceltites medius* Ma, 2012

（图版 3，图 22～30；图版 4，图 1～3；插图 16）

描述 壳体较小，壳径 11～22mm（表 7 - 25），半内卷，呈薄饼状。旋环高度大于厚度，横断面呈矛形。腹部呈尖棱形。侧部微凸，内旋环脐缘有结节或短肋。脐部浅且小，约占壳径的 1/4，脐缘平或微凸。

表 7 - 25 壳体度量

标本登记号	*D*	*H*	*W*	*U*
85051（Holotype）	22	10	4.5	5.5
85054（Paratype）	11	5	2	3
85055（Paratype）	13.5	6	2.5	4

缝合线 腹叶宽，浅二分；侧叶中等长，下端圆；外鞍高于侧鞍，鞍顶均圆；脐叶宽短。

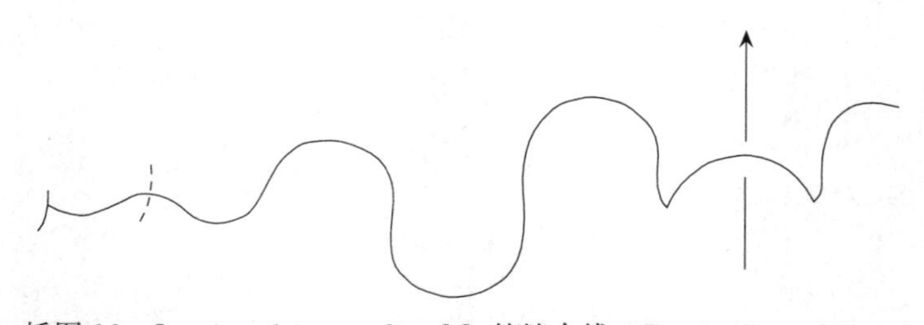

插图 16 *Lenticoceltites medius* Ma 的缝合线，*D*=15.5mm（85051）

比较 此种壳形与 *L. involutum* 颇相似，但前者缝合线腹叶较宽且长。易于区别。

产地和层位 江西安福北华山；上二叠统乐平阶三阳亚阶下部。

美丽扁色尔特菊石 *Lenticoceltites elegans* Ma, 2012

（图版 4，图 4～6；图版 28，图 8；插图 17）

描述 壳体小，壳径 14.5mm（表 7 - 26），半内卷，呈薄饼状，旋环高度大于厚度，横断面呈矛形。腹部呈尖棱状。侧部微凸，外侧围前部有明显的台阶状腹侧缘，向后此阶渐弱。侧部自脐缘至阶状腹侧缘之间有褶或肋。脐部较小，约占壳径的 1/3，脐浅，脐缘圆。

表 7 - 26　壳体度量

标本登记号	*D*	*H*	*W*	*U*
85059（Holotype）	14.5	6.5	3	4.5

缝合线　腹叶宽短，浅二分叉，侧叶特宽，较长，下端圆，脐叶宽短，下端圆；外鞍和侧鞍均较窄，鞍顶均圆。

比较　该种与 *Lenticoceltites* 属中诸种的壳形大不同。前者有独具特色的阶状腹侧缘，以及特宽的侧叶，独居属中。

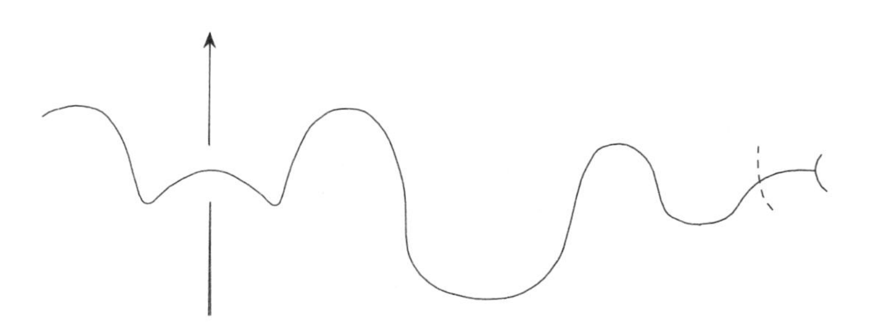

插图 17　*Lenticoceltites elegans* Ma 的缝合线，D=11.5mm（85059）

产地和层位　江西安福北华山；上二叠统乐平阶三阳亚阶下部。

变异扁色尔特菊石 *Lenticoceltites varians* Ma，2012

（图版 4，图 7～9）

描述　壳体很小，壳径 11.5mm（表 7 - 27），半内卷，呈薄饼状。旋环高度大于厚度，横断面近矛形。腹部为尖棱形，在外旋环前部腹中棱两侧各有一条窄浅的沟，浅沟的内缘形似腹侧缘。侧部内侧围较平，外侧围向外倾斜。壳面内旋环脐缘有结节，外旋环脐缘处有粗褶，向外渐弱，至侧部中围消失。脐部小，约占壳径的 1/3，脐浅，脐缘圆。缝合线不详。

表 7 - 27　壳体度量

标本登记号	*D*	*H*	*W*	*U*	*H/D*	*W/D*	*U/D*
85056（Paratype）	11.5	5	2	3.5	0.43	0.17	0.30

产地和层位　江西安福北华山；上二叠统乐平阶三阳亚阶下部。

薄体扁色尔特菊石 *Lenticoceltites leptosema* Ma，2012

（图版 4，图 10～20；插图 18）

描述　壳体较小，壳径 8.5～17.5mm（表 7 - 28），半内卷，呈薄饼状。旋环高度大于厚度，横断面呈矛形。腹部呈尖棱状，侧部微凸。内旋环脐缘有结节，外旋环自脐缘有向前弯斜的弱褶，至侧部中围消失。脐浅且小，约占壳径的 1/4，脐缘圆。

表 7-28　壳体度量

标本登记号	D	H	W	U	H/D	W/D	U/D
85061（Paratype）	8.5	4.5	3	2	0.53	0.35	0.24
85062（Paratype）	13.5	7	3.5	3	0.52	0.26	0.22
85063（Holotype）	17.5	8	3.5	4.5	0.46	0.20	0.26
8506（Paratype）	12	6	3	3	0.50	0.25	0.25

缝合线　腹叶中等宽，被腹中鞍分为两叉，侧叶宽圆，助线系较发育；外鞍宽于侧鞍且鞍顶均圆。

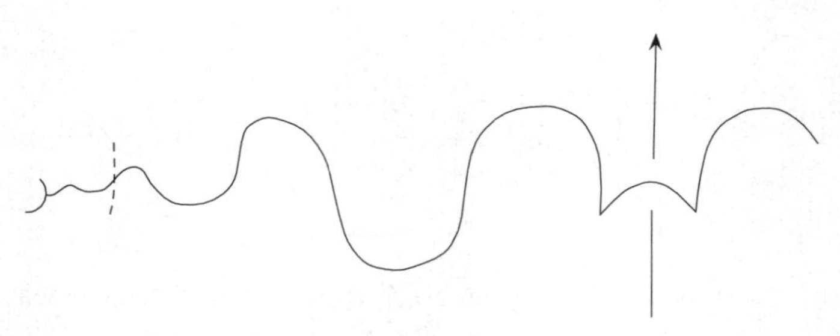

插图 18　*Lenticoceltites leptosema* Ma 的缝合线，D=175mm，(85063)

比较　该种壳形与 *L. fongchengensis* Zhao，Liang et Zheng 颇相似，但前者侧叶宽，助线系较发育。易于区别。

产地和层位　江西安福北华山、观溪；上二叠统乐平阶三阳亚阶下部。

饼形扁色尔特菊石 *Lenticoceltites lenticularis* Ma，2012

（图版 4，图 21～31；插图 19）

描述　壳体小，壳径 7～18mm（表 7-29），半内卷，呈饼状。旋环高度大于厚度，横断面呈矛形，腹部呈尖棱状。侧部中围较凸，外侧围向外缓斜，内侧围平或微凹。内旋环脐缘有弱的短褶，外旋环有向前弯斜的弱褶，该褶在脐缘处粗，向外渐细，至侧部中围消失。脐部浅，中等宽，约占壳径的 1/3，脐缘圆，外旋环前部脐缘微凸。

表 7-29　壳体度量

标本登记号	D	H	W	U	H/D	W/D	U/D
85057（Paratype）	25.0	11.0	6.0	7.0	0.44	0.24	0.28
85068（Paratype）	18.0	7.5	4.5	6.0	0.42	0.25	0.33
85069（Paratype）	16	7.5	4	5	0.47	0.25	0.31
85070（Holotype）	18	7.5	4	5.5	0.42	0.22	0.31
85079（Paratype）	19	10	5.5	6	0.53	0.29	0.32

缝合线 腹叶长较窄，两分叉；侧叶宽中等长，下端方圆，外鞍及侧鞍鞍顶均圆。

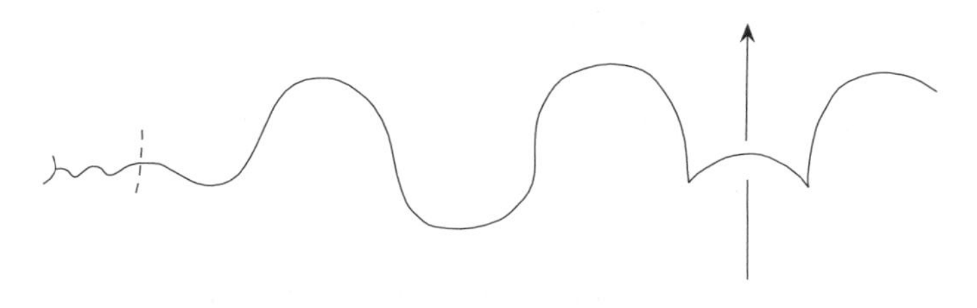

插图 19 *Lenticoceltites lenticularis* Ma 的缝合线，*D*=18mm（85070）

比较 该种与 *L. leptosema* Ma 有些相似，但前者外旋环侧部中围较凸，前部脐缘微凸，缝合线腹叶窄长。易于区别。

产地和层位 江西安福北华山、观溪；上二叠统乐平阶三阳亚阶下部。

异形扁色尔特菊石 *Lenticoceltites aberratum* Ma，2012

（图版 5，图 1～9；插图 20）

描述 壳体较小，壳径 11～21mm（表 7-30），半外卷，呈薄饼状。旋环高度大于厚度，横断面近三角形。腹部呈尖棱形。侧部较凸，内旋环脐缘有结节，外旋环后部有横向褶纹，起于脐缘，向外渐弱，至侧部中围消失。脐浅且较宽，占壳径的 1/3～2/5；脐缘凸出，脐壁陡斜。

表 7-30 壳体度量

标本登记号	*D*	*H*	*W*	*U*	*H/D*	*W/D*	*U/D*
85058（Paratype）	21	9	6	8.5	0.43	0.29	0.40
85073（Paratype）	11	5	3	4	0.45	0.27	0.36
85074（Holotype）	14	7	4.6	5	0.50	0.32	0.29

缝合线 腹叶宽长，被低中鞍浅二分；侧叶较窄长，下端圆。助线系不发育。外鞍较侧鞍宽且高，鞍顶均圆。

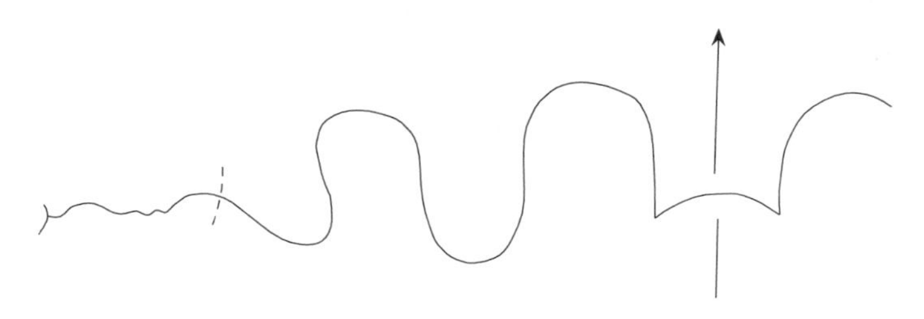

插图 20 *Lenticoceltites aberratum* Ma 的缝合线，*D*=9mm（85074）

比较 本种壳形与属中诸种的最大区别在于前者脐缘凸出，旋环断面近三角形，易于区别。

产地和层位 江西安福北华山、丰城剑光镇；上二叠统乐平阶三阳亚阶下部。

平盘菊石属 *Planodiscoceras* Chao et Liang，1966

姣美平盘菊石 *Planodiscoceras gratiosum* Chao et Liang，1966

（图版 5，图 10～17）

描述 壳体中等大，壳径 24～31.5mm，半外卷，呈薄轮状。旋环高度大于厚度，横断面呈盔状。腹部窄穹，具有明显的腹中棱。腹侧缘圆。侧部较宽，中围微凹。壳面腹部饰有纵旋纹，侧部有向前弯斜的生长纹。脐部较宽，约占壳径的 2/5；脐缘凸，呈低耳状，脐壁直立或向内倾斜。

缝合线 腹叶宽短，被低中鞍分为两个支叶；侧叶较长，脐叶短，叶下端均圆。外鞍宽于侧鞍，鞍顶均圆。

产地和层位 江西安福北华山、观溪；上二叠统乐平阶三阳亚阶下部。

薄卷菊石属 *Leptogyroceras* Chao et Liang，1966

东神岭薄卷菊石 *Leptogyroceras dongshenlingense* Chao，Liang et Zheng，1966

（图版 5，图 18～20）

描述 壳体较小，壳径 19～21mm，半外卷，呈薄饼状。腹部呈尖棱形，腹侧缘圆。侧部中围微凹，侧部饰有弱的 S 形细的生长纹。脐缘微凸。

缝合线 腹叶宽且短二分。侧叶中等长，下端圆；脐叶宽短；鞍外和侧鞍鞍顶均圆。

产地和层位 江西安福北华山；上二叠统乐平阶三阳亚阶下部。

宽鞍薄卷菊石 *Leptogyroceras latisellatum* Ma，2012

（图版 5，图 33～38；插图 21）

描述 壳体小，壳径 19～20mm（表 7-31），半内卷，呈薄轮状。旋环高度大于厚度，横断面呈高盔状。腹部窄拱，呈屋脊状，具有较明显的腹脊。腹侧缘圆。侧部微凹。壳面侧部饰有弱褶。脐部中等宽，约占壳径 2/5；脐缘凸出，脐壁中等高且陡直。

表 7-31 壳体度量

标本登记号	*D*	*H*	*W*	*U*	*H/D*	*W/D*	*U/D*
85049（Holotype）	19	7.5	7	7	0.39	0.37	0.37
85050（Paratype）	20	8	7	7.5	0.40	0.35	0.38

缝合线 腹叶较宽下端二分；侧叶较窄下端圆；脐叶特短；外鞍和侧鞍均较宽，鞍顶均圆。助线较发育。

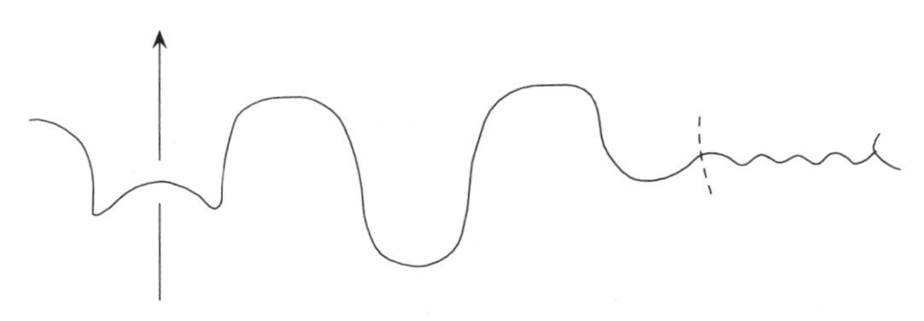

插图 21 *Leptogyroceras latisellatum* Ma 的缝合线，D=18mm（85049）

比较 此种壳形与 *L. compressum* Zhao，Liang et Zheng 相似。但前者腹叶较宽，侧叶较窄，侧鞍超宽于后者。前者助线系较发育。均易于区别。

产地和层位 江西安福北华山；上二叠统乐平阶三阳亚阶下部。

竹江菊石属 *Zhujiangoceras* Ma，2012

属型 *Zhujiangoceras discus* Ma，2012

定义 壳体小，半内卷，呈薄饼状。旋环断面呈盔状。腹部具有尖的腹中棱；侧部平且有生长纹。脐部小，脐缘圆。缝合线腹叶窄且特长，被低的中鞍分为两个腹支叶，侧叶较宽圆；外鞍较侧鞍宽且高，鞍顶均圆。

讨论 当前该属与 *Leptogyroceras compressum* 的壳形近似，但前者壳体半内卷，脐缘不凸。易于区别。

分布和时代 江西；上二叠统。

扁平竹江菊石 *Zhujiangoceras discus* Ma，2012

（图版 5，图 21～26；插图 22a）

描述 壳体小，壳径 15.5～24mm（表 7－32），半内卷，壳体扁平，呈薄饼状。横断面近长方形，腹部穹圆且有尖的腹中棱；侧部宽而平展且饰有弱的 S 形生长纹。脐部浅且小。

表 7－32 壳体度量

标本登记号	D	H	W	U	H/D	W/D	U/D
85100（Holotype）	15.5	7.5	4	4	0.48	0.26	0.26
85101（Paratype）	24.0	9.5	6	7	0.40	0.25	0.29

缝合线 腹叶较宽短，下端浅二分；侧叶较宽长，下端圆；脐叶短小。外鞍宽且高于侧鞍，鞍顶均圆。

产地和层位 江西安福北华山；上二叠统乐平阶三阳亚阶下部。

内卷竹江菊石 *Zhujiangoceras involutum* Ma，2012

（图版 5，图 27～32；插图 22b）

描述 壳体小，壳径 11～18mm（表 7－33），内卷，呈薄饼状。旋环高度大于厚度，横断面呈矛形。腹中叶呈尖棱状，侧部微凸，腹侧部外倾，圆而无缘。壳面侧部饰有弱的横向S形生长纹。脐部浅且小，约占壳径的1/6，脐缘圆。

表 7-33 壳体度量

标本登记号	*D*	*H*	*W*	*U*
85097（Paratype）	11	6	3.5	2
85098（Holotype）	18	9.5	4.5	3

缝合线 腹叶较长，被低的腹中鞍分为两个支叶；侧叶较宽且长，下端圆；外鞍较侧鞍宽且高，鞍顶均圆。

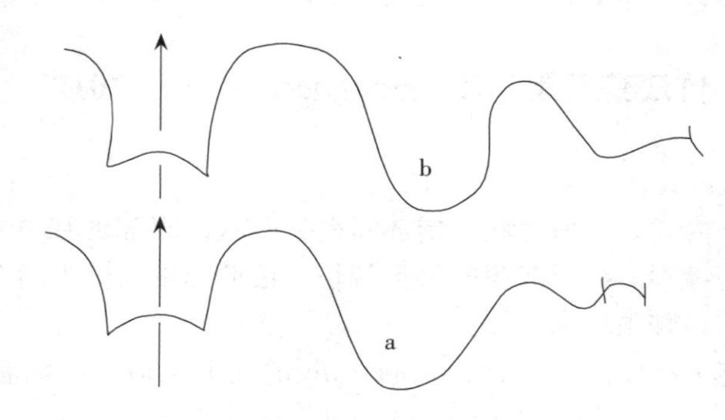

插图 22 竹江菊石属的缝合线

b. *Zhujiangoceras involutum* Ma，*D*=11.5mm（85098）

a. *Z. discus* Ma，*D*=21mm（85100）

比较 该种的缝合线与 *Z. discus* 相似。但前者壳体内卷，无明显的腹侧缘，侧部微凸，旋环断面呈矛状；缝合线腹叶略短。易于区别。

产地和层位 江西安福北华山；上二叠统乐平阶三阳亚阶下部。

安德生菊石亚科 Anderssonoceratinae Ruzhencev，1959

安德生菊石属 *Anderssonoceras* Grabau，1924

肥安德生菊石 *Anderssonoceras robustum* Ma，2012

（图版 6，图 1～8；插图 23）

描述 壳体较小，壳径 18～21mm（表 7-34），半外卷，呈厚轮状。旋环厚度大于高度，横断面呈低盔状。腹部宽穹具有弱的腹中棱。腹侧缘呈圆角状。侧部窄，外侧围微凹，内侧围陡斜。壳面饰有弱的纵旋纹，外旋环后部饰有横向生长纹。脐部较宽，约占壳径的2/5，脐缘较凸，脐壁陡直。

缝合线 腹叶中等长，被腹中鞍分为两个腹支叶，腹支叶下端各有两个小齿；侧叶中等长，下端圆，外鞍高于侧鞍，鞍顶均圆。助线系不发育。

表 7-34　壳体度量

标本登记号	*D*	*H*	*W*	*U*	*H/D*	*W/D*	*U/D*
85102（Paratype）	21	9	14	10	0.43	0.67	0.48
85105（Paratype）	18	6	12	8	0.33	0.67	0.44
85106（Holotype）	21	7	14	8	0.33	0.67	0.38

插图 23　*Anderssonoceras robustum* Ma 的缝合线，D=21mm（85106）

比较　当前该种是 *Anderssonoceras* 属中唯一肥厚种，但此种在腹支叶下端具有两枚小齿。易于与其他种区别。

产地和层位　江西安福北华山、观溪；上二叠统乐平阶三阳亚阶下部。

褶安德生菊石 *Anderssonoceras plicatum* Ma，2012

（图版 6，图 15～17；插图 24）

描述　壳体中等大，壳径 34mm（表 7-35），半内卷，呈轮状。旋环厚度略大于高度，横断面呈盔状。腹部穹圆，饰有纵旋纹，且有一条较尖的腹中棱，腹侧缘圆。侧部住室部分，外侧围微凹，内侧围缓斜；气室部分向外缓斜，侧部壳面饰有横向褶纹，该褶起自脐缘，于近脐缘处消失。脐部中等宽，约占壳径的 1/3，脐缘凸，脐壁高且直立。

表 7-35　壳体度量

标本登记号	*D*	*H*	*W*	*U*
85113（Holotype）	34	15	16.5	12

缝合线　腹叶长下端二分，侧叶短下端圆；外鞍宽于侧鞍，鞍顶均圆。

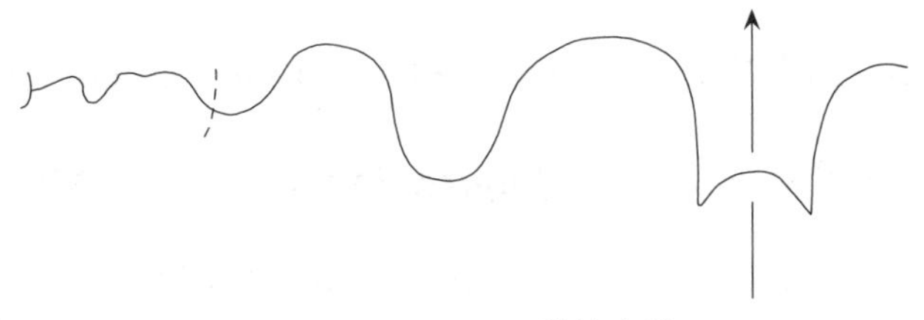

插图 24　*Anderssonoceras plicatum* Ma 的缝合线，D=26mm（85113）

比较　该种与 *Anderssonoceras* 菊石属中，各种的区别在于它侧部饰有横向褶纹；且住室部分外侧围微凹，气室部分侧部微凸；缝合线腹叶长。易于区别。

产地和层位　江西安福北华山、观溪；上二叠统乐平阶三阳亚阶下部。

扁形安德生菊石 *Anderssonoceras compressum* Ma，2012

（图版 6，图 9～14、图 18～22；插图 25）

描述 壳体小，12.5～30mm（表 7-36），半内卷，呈轮状。旋环厚度大于高度，横断面呈盔状。腹部较窄，穹圆，具有一条弱的腹中棱。腹侧缘圆。侧部外侧围微凹，内侧围向外倾斜。壳面腹部饰有弱的纵旋纹，侧部饰有弱的横生纹。脐部较宽，约占壳径的 2/5；脐缘凸，脐壁较高，陡斜。

表 7-36 壳体度量

标本登记号	D	H	W	U
85104（Paratype）	12.5	5.5	8	5.5
85105（Paratype）	18	6	12	8
85128（Holotype）	16.5	6	10.5	8
85129（Paratype）	11.5	4	8.5	5

缝合线 腹叶中等长，被较高的腹中鞍分为两个腹支叶；侧叶略窄，下端圆；脐叶端小。外鞍高于侧鞍，鞍顶均圆。

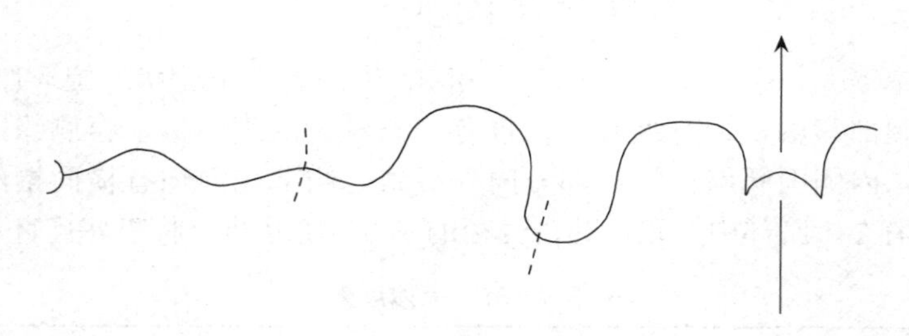

插图 25 *Anderssonoceras compressum* Ma 的缝合线，D=16mm（85128）

比较 该种的壳形与 *Anderssonoceras simplex* Zhao，Liang et Zheng 颇相似。但前者缝合线侧鞍宽，脐叶短小。易于区别。

产地和层位 江西安福北华山、观溪；上二叠统乐平阶三阳亚阶下部。

仙姑岭菊石属 *Xiangulingites* Zhao，Liang et Zheng，1978

长叶仙姑岭菊石 *Xiangulingites longilobatus*，Ma，2012

（图版 7，图 1～6，图 10～18；插图 26）

描述 壳体小，壳径 10～15mm（表 7-37），半内卷，呈轮状。旋环厚度大于高度，横断面呈盔状。腹部较穹，具有弱的腹中棱。腹侧缘圆角状。侧部窄，中围微凹。壳面腹部饰有弱的纵旋纹；侧部饰有弱的生长纹，该生长纹起自脐缘，向外渐弱。脐部中等宽，约占壳径的 2/5；脐缘较凸，呈耳状；脐壁陡直。

表 7-37　壳体度量

标本登记号	D	H	W	U	H/D	W/D	U/D
85123 (Holotype)	15	6	9	6.5	0.40	0.60	0.43
85124 (Paratype)	10	4	7	4	0.40	0.70	0.40
85125 (Paratype)	14	9.5	9.5	6	0.68	0.68	0.43
85126 (Paratype)	12	7	7	6	0.58	0.58	0.42
85127 (Paratype)	12.5	5	7	5.5	0.40	0.56	0.44

缝合线　腹叶宽，特短，下端三分叉；侧叶较长，下端圆；脐叶超宽短。外鞍远高于侧鞍。鞍顶均圆。

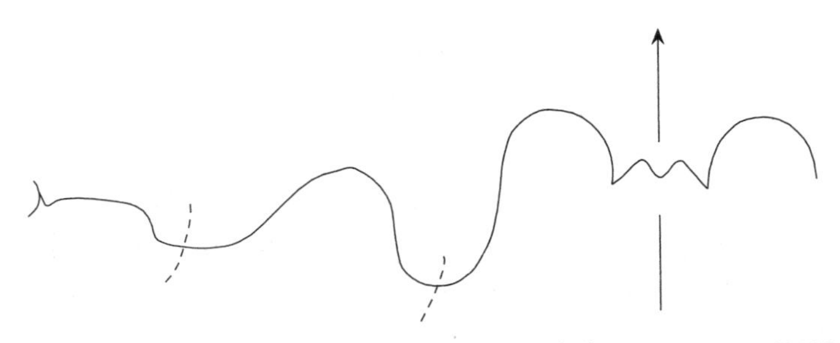

插图 26　*Xiangulingites longilobatus* Ma 的缝合线，D=11mm（85123）

比较　该种壳形与 *X. orbilobatus* 有些相似。但前者壳面饰纹极弱，缝合线腹叶特短且下端三分，外鞍远高于侧鞍。易于区别。

产地和层位　江西安福北华山、观溪；上二叠统乐平阶三阳亚阶下部。

金科菊石属 *Jinkeceras* Ma，2012

属型　*Jinkeceras liangi* Ma，2012

定义　壳体小，半内卷，呈轮状。旋环高度与厚度相当，旋环横断面呈高盔状。腹部为约 90°的屋脊状。其中具有明显凸出的腹中棱，该棱两侧无或有不明显的浅沟。腹侧缘钝圆无痕。侧部中围微凹。壳面饰有纵旋纹，侧部有放射褶纹。脐部中等宽，脐缘凸出，脐壁陡直。缝合线属于安德生菊石科型。

讨论　该属的壳形与 *Prototoceras venustum* Zhao，Liang et Zheng，1978（图版 4，图 24～26）的壳形颇相似。但前者属于安德生菊石科缝合线型。

分布和时代　江西；晚二叠世早期。

梁氏金科菊石 *Jinkeceras liangi* Ma，2012

（图版 7，图 19～24；插图 28b）

描述　壳体小，壳径 15.5～17.5mm（表 7-38），半内卷，呈轮状。旋环高度与厚度大体相当，旋环横断面呈高盔状。腹部为约 90°的屋脊状，其中具有一条明显的腹中棱，该棱两侧无浅沟。腹侧缘钝圆无痕。侧部中围微凹。壳面腹部饰有细弱的纵旋纹，侧部饰有稀疏的放射状褶纹。脐部中等宽，约占壳径的 2/5。脐缘凸出，脐壁直立。

表 7-38 壳体度量

标本登记号	*D*	*H*	*W*	*U*	*H/D*	*W/D*	*U/D*
85042（Paratype）	15.5	7	7	7	0.45	0.45	0.45
85139（Holotype）	17.5	7	7	7	0.40	0.40	0.40

缝合线 腹叶较宽，被低的腹中鞍浅分为二。侧叶中等宽，上部微收缩，下端圆方，近舌形。脐叶短下端圆。外鞍较侧鞍宽圆。

产地和层位 江西安福北华山；上二叠统乐平阶三阳亚阶下部。

中华金科菊石 *Jinkeceras sinesistum* Ma，2012

（图版 7，图 25～30；插图 28c）

描述 壳体小，壳径 16～17mm（表 7-39），半内卷，呈薄轮状。旋环高度大于厚度，横断面呈高盔状。腹侧缘钝圆。腹部偏窄，具有明显的腹中棱，该棱两侧无明显的浅沟。侧部微凹。壳面腹部饰有细弱的纵旋纹，侧部饰有稀疏的褶。脐部中宽，约占壳径的 2/5，脐缘凸出，脐壁中等高且陡直。

表 7-39 壳体度量

标本登记号	*D*	*H*	*W*	*U*	*H/D*	*W/D*	*U/D*
85136（Holotype）	16	6	5.5	7	0.38	0.36	0.44
85137（Paratype）	17	6.5	6	7.5	0.38	0.35	0.44

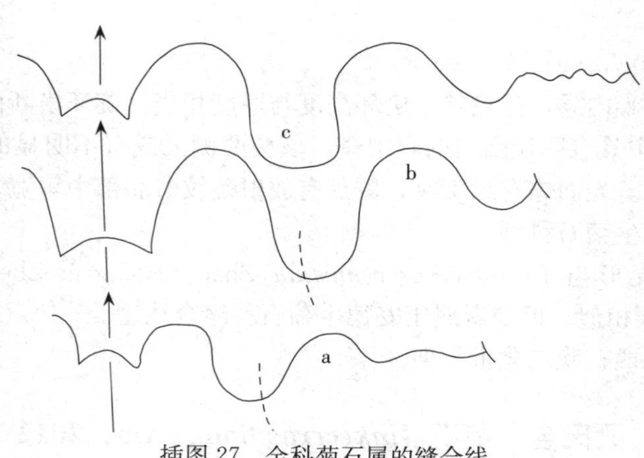

插图 27 金科菊石属的缝合线

c. *Jinkeceras sinesistum* Ma，2012（85136）

b. *J. liangi* Ma，*D*=15mm（85139）

a. *J. zhengi* Ma，*D*=16mm（85130）

缝合线 腹叶窄短，下端二分叉；侧叶中等长宽，下端方圆；脐叶宽短，下端圆；助线系较发育。外鞍鞍顶圆，侧鞍鞍顶偏内且圆。

比较 此种与 *J. liangi* 的相似点在于壳体外旋环高度增长较快，但前者缝合线腹叶较窄短。易于区别。

产地和层位 江西安福北华山；上二叠统乐平阶三阳亚阶下部。

郑氏金科菊石 *Jinkeceras zhengi* Ma，2012

（图版 7，图 31～33；插图 28a）

描述 壳体较小，壳径 17mm（表 7-40），半内卷，呈轮状。外旋环前部高度增长较快，其旋环高度大于厚度；后部旋环厚度大于高度，腹部宽度后部大于前部，旋环横断面呈高盔状。腹部形态呈屋脊状。腹侧缘呈圆角状。侧部中围微凹。壳面较光滑。脐部较宽，约占壳径的 2/5。脐缘较凸，脐壁陡斜。

表 7-40 壳体度量

标本登记号	*D*	*H*	*W*	*U*	*H/D*	*W/D*	*U/D*
85130（Holotype）	17.0	7.5	6.5	6.5	0.44	0.38	0.38

缝合线 腹叶窄短，被低的腹中鞍分为两个腹支叶；侧叶偏短，下端圆方形；脐叶宽短。外鞍较侧鞍宽且高，鞍顶均圆。助线系不发育。

比较 此种旋环高度增长快，与 *J. sinesistum* 颇相似，但前者旋环增长更快，缝合线腹叶、侧叶较之更短。易于区别。

产地和层位 江西安福北华山；上二叠统乐平阶三阳亚阶下部。

严田菊石属 *Yantianoceras* Ma，2012

（插图 28）

属型 *Yantianoceras stenoense* Ma，2012

定义 壳体较小，半外卷，呈轮状。旋环高度大于或小于厚度，横断面呈盔状。腹部较凸，具有三条纵棱，腹中棱两侧各有一条浅沟。腹侧缘侧视呈棱状。侧部下凹。壳面外旋环侧部饰有褶及细的生长纹。脐部宽，脐缘凸出呈耳状。脐壁高。缝合线为叶部下端无齿的原始缝合线型。

讨论 该属从腹部具有三条腹棱而言，与环脊菊石属 *Paricarinoceras* 颇相似。但后者腹侧缘呈圆角状；前者从侧面看腹侧缘呈棱状，缝合线腹叶短，侧叶呈舌形。

分布和时代 江西；晚二叠世早期。

窄腹严田菊石 *Yantianoceras stenoense* Ma，2012

（图版 30，图 5；插图 28b）

材料 仅有一块完好菊石标本。

描述 壳体较小，壳径 22mm，半外卷，呈轮状。旋环高度大于厚度，横断面呈高盔状。腹部窄且凸，具有 3 条纵棱，在腹中棱两侧各有 1 条浅沟。腹侧缘侧凸，呈棱状。侧部下凹。外旋环侧部饰有褶和生长纹。脐部宽约占壳径的 1/2，脐缘凸出，呈耳状，脐壁高。

缝合线 腹叶短二分；侧叶呈舌形；外鞍宽圆，侧鞍顶歪向脐方；助线系不发育。

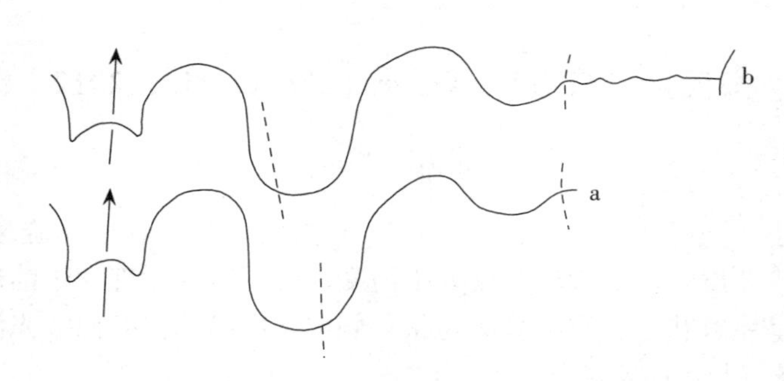

插图 28 严田菊石属菊石的缝合线类型

a. *Yantianoceras inflatum* Ma（85031）

b. *Y. stenoense* Ma（85032）

产地和层位 江西安福北华山；上二叠统乐平阶三阳亚阶下部。

肥厚严田菊石 *Yantianoceras inflatum* Ma，2012

（图版 30，图 4；插图 28a）

材料 仅有一块完好菊石标本。

描述 壳体小，壳径 17mm，半外卷，呈轮状。旋环高度小于厚度，横断面呈低盔状。腹部宽且凸，具有 3 条纵向腹棱，腹中棱两侧各有一条浅沟。腹侧缘侧凸，呈棱状。侧部下凹。外旋环侧部饰有褶和生长纹。脐部宽，约占壳径的 1/2。脐缘凸出，呈耳状，脐壁高。

缝合线 腹叶短二分；侧叶呈舌状；外鞍顶宽圆，侧鞍顶歪向脐方。

比较 此种虽壳形与 *Yantianoceras stenoense* 类似，但前者壳体厚，腹部宽，易于区别。

产地和层位 江西安福北华山；上二叠统乐平阶三阳亚阶下部。

环脊菊石属 *Pericarinoceras* Chao et Liang，1966

肥厚环脊菊石 *Pericarinoceras tumidum* Ma，2012

（插图 29）

描述 壳体小，壳径 19mm（表 7 - 41），半外卷，呈厚轮状，旋环厚度大于高度，横断面呈低盔状或近横长方形。腹部微凸或屋脊状，具有较粗的腹中棱，该棱两侧各有一条浅沟，腹侧缘呈圆角状；侧部中围微凹。壳面光滑。脐部宽，约占壳径的 1/2，脐壁高且陡斜。

表 7-41 壳体度量

标本登记号	D	H	W	U
85145（Holotype）	19	7.5	13	8.5

缝合线 腹叶长宽相当，被腹中鞍分为两个腹支叶；侧叶窄长，下端圆，呈长舌形；脐叶宽短。侧鞍高于外鞍，鞍顶均圆。

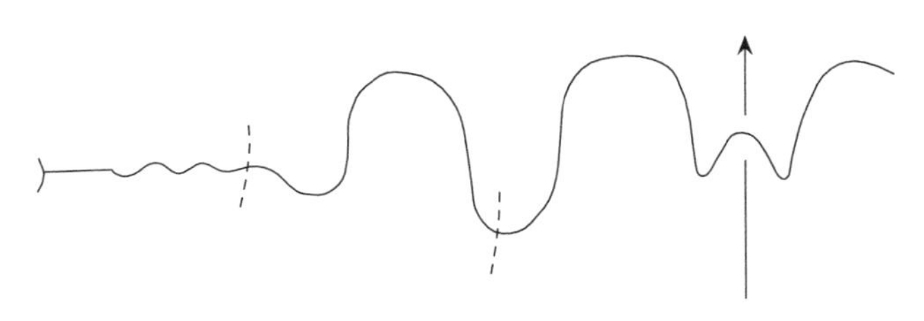

插图 29 *Pericarinoceras tumidum* Ma 的缝合线，D=14mm（85145）

比较 该种壳形与 *P. robustum* 较相似，但该种缝合线腹叶长宽相当，侧叶窄长。易于区别。

产地和层位 江西安福北华山；上二叠统乐平阶三阳亚阶下部。

枫田菊石属 *Fengtianoceras* Ma，1995

属型 *Fengtianoceras costatum* Ma，1995

定义 壳体小，半内卷，呈饼状或轮状。旋环横断面呈盔状。腹部窄穹，具有尖的腹中棱，该棱两侧各有一浅沟。侧部平或微凹，内旋环脐缘有结节，外旋环侧部有短肋或横褶。脐缘微凸。缝合线腹叶二分，侧叶较长。

讨论 该菊石属与 *Leptogyroceras dongshenlingense* Chao et Liang 的一块副标本（1978，图版 2，图 7、8）相似。但前者脐缘较凸，内旋环脐缘有结节，外旋环侧部有短肋。二者有别。

分布和时代 江西；晚二叠世早期。

粗肋枫田菊石 *Fengtianoceras costatum* Ma，1995

（图版 31，图 1～10；插图 30a）

材料 共有 5 块标本。壳体度量见表 7-42。

表 7-42 壳体度量

标本登记号	D	H	W	U	H/D	W/D	U/D
85080（Holotype）	13.0	5.0	4.5	5.5	0.38	0.35	0.42
85081（Paratype）	15.0	6.0	4.5	6.0	0.40	0.30	0.40

（续）

标本登记号	D	H	W	U	H/D	W/D	U/D
85082（Paratype）	11.5	5.0	4.0	5.0	0.43	0.35	0.43
85083（Paratype）	14.0	6.0	5.5	6.0	0.43	0.39	0.43
85084（Paratype）	10.0	5.0	2.0	3.0	0.50	0.20	0.30

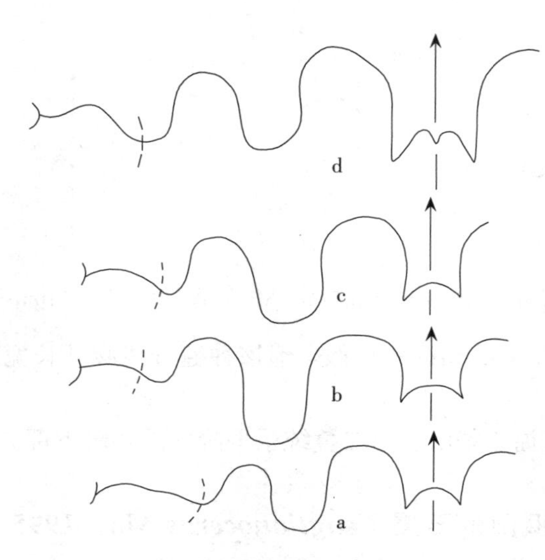

插图 30　枫田菊石属缝合线类型

a. *Fengtianoceras cosdatum* Ma，D=9.5mm（85080）
b. *F. acutum* Ma，D=11.5mm（85087）
c. *F. discum* Ma，D=10.5mm（85093）
d. *F. orbilobatum* Ma，D=10.5mm（85094）

描述　壳体小，壳径10～15mm，半内卷，呈薄轮状。旋环高度大于厚度，横断面近长方形。腹部窄穹，具有一条尖的腹中棱，该棱两侧各有一条浅沟。腹侧缘圆。侧部较窄，外侧围微凹。内旋环脐缘有结节，外旋环有短肋，该肋起自脐缘，向外渐弱，至腹侧缘消失。脐部较宽，约占壳径的2/5，脐缘圆且微凸，脐壁中等高且直立。

缝合线　腹叶宽短且二分，侧叶较窄，下端圆，助线系不发育；外鞍较侧鞍宽且高，鞍顶均圆。

产地和层位　江西安福北华山；上二叠统乐平阶三阳亚阶下部。

尖腹枫田菊石 *Fengtianoceras acutum* Ma，1995

（图版31，图11～17；插图30b）

材料　共有3块标本。壳体度量见表7-43。

表 7-43　壳体度量

标本登记号	*D*	*H*	*W*	*U*	*H/D*	*W/D*	*U/D*
85085（Paratype）	14.0	8.0	3.0	4.0	0.57	0.21	0.29
85086（Paratype）	13.5	6.0	3.0	4.0	0.44	0.22	0.30
85087（Holotype）	14.0	7.0	4.5	4.5	0.50	0.32	0.32

描述　壳体小，壳径 13.5～14mm，半外卷，呈薄饼状。旋环高度大于厚度，横断面呈矛状。腹部窄，具有尖的腹中棱，该棱两侧各有一条浅沟。侧部中围微凹。壳面侧部饰有向前斜伸的短肋或褶，该肋在近脐缘处最粗，向外变细，至腹部中围消失。脐部小，约占壳径的 2/7，脐缘凸且圆。

缝合线　腹叶中等长，二分叉；侧叶较长，上部微收缩，下端圆；脐叶短。外鞍较侧鞍顶宽圆。助线系不发育。

比较　此种与 *F. costatum* 有些相似。但前者侧部横肋短而密，且在脐缘附近粗，向外渐变细。缝合线腹叶略窄，外鞍和侧鞍均较宽。易于区别。

产地和层位　江西安福北华山；上二叠统乐平阶三阳阶下部。

饼形枫田菊石 *Fengtianoceras lenticulare* Ma，1995

（图版 31，图 18～24）

材料　共有 4 块标本。壳体度量见表 7-44。

表 7-44　壳体度量

标本登记号	*D*	*H*	*W*	*U*	*H/D*	*W/D*	*U/D*
85088（Holotype）	16.0	6.5	5.0	6.5	0.41	0.31	0.41
85089（Paratype）	11.0	4.5	3.0	4.0	0.41	0.27	0.36
85090（Paratype）	10.5	4.0	2.5	3.5	0.38	0.24	0.33
85091（Paratype）	13.0	4.5	3.5	5.0	0.35	0.27	0.38

描述　壳体小，壳径 10.5～16mm，半内卷，呈薄饼状。旋环高度大于厚度，横断面近三角形。腹部窄，具有一条尖的腹中棱，该棱两侧各有一条极窄的浅沟。腹侧缘圆。侧部微凹，内旋环脐缘有结节，外旋环侧部有短肋，该肋粗起自脐缘附近，向外渐弱，至侧部中围或腹侧缘处消失。脐部中等宽，约占壳径的 1/3；脐缘微凸，脐壁缓斜。缝合线不详。

比较　此种壳形与 *F. acutum* 颇相似。但前者壳体偏厚，侧部中围更凹，腹部更尖。易于区别。

产地和层位　江西安福北华山；上二叠统乐平阶三阳亚阶下部。

盘形枫田菊石 *Fengtianoceras discum* Ma，1995

（图版 31，图 25～31；插图 30c）

材料　共有 3 块标本。壳体度量见表 7－45。

表 7－45　壳体度量

标本登记号	*D*	*H*	*W*	*U*	*H*/*D*	*W*/*D*	*U*/*D*
85092（Paratype）	16.5	7.5	6.0	6.0	0.45	0.36	0.36
85093（Holotype）	13.5	6.0	4.0	4.0	0.44	0.30	0.30
65099（Paratype）	9.5	4.5	3.0	2.0	0.47	0.32	0.22

描述　壳体小，壳径 9.5～16.5mm，半内卷，呈薄饼状。旋环高度大于厚度，横断面呈长方形。腹部呈尖棱形或屋脊状。腹侧缘宽圆。侧部微凹。腹部饰有细弱的纵旋纹。内旋环脐缘有结节，外旋环侧部有弱褶或生长纹。脐部中等宽，约占壳径的 1/3。脐缘微凸，脐壁陡直。

缝合线　腹叶窄长，下端二分；侧叶呈舌形；助线系不发育。外鞍较侧鞍宽圆且高，侧鞍顶不对称。

比较　此种壳形与 *F. acutum* 有些相似。但前者外旋环侧部无明显的横肋，仅有弱褶或生长纹，缝合线腹叶窄长。

产地和层位　江西安福北华山、乐平鸣山；上二叠统乐平阶三阳亚阶下部。

圆叶枫田菊石 *Fengtianoceras orbilobatum* Ma，1995

（图版 32，图 1～9；插图 30d）

材料　共有 3 块标本。壳体度量见表 7－46。

表 7－46　壳体度量

标本登记号	*D*	*H*	*W*	*U*	*H*/*D*	*W*/*D*	*U*/*D*
85094（Holotype）	12.0	5.5	5.5	5.0	0.46	0.46	0.42
85095（Paratype）	9.0	3.5	5.5	4.0	0.39	0.61	0.44

描述　壳体小，壳径 9～12mm，半内卷，呈厚饼状。旋环厚度近于高度，横断面圆方形。腹部较宽穹，具有明显的腹中棱。腹侧缘圆。侧部自脐缘向腹侧缘倾斜。壳面侧部饰有横向弱褶或短肋，该肋起自脐缘，向外渐弱，至腹侧缘消失。内旋环脐缘有结节。脐部较宽，约占壳径的 2/5；脐缘呈亚角状。脐壁陡直。

缝合线　腹叶宽且长，下端二分叉，其间有一小舌叶；侧叶窄短下端圆；外鞍宽且高于侧鞍，鞍顶均圆；助线系不发育。

比较　此种与本属中其他菊石种不同之处在于壳体较厚，腹部宽穹，脐缘不凸，侧部向外倾斜。

产地和层位 江西安福观溪；上二叠统乐平阶三阳亚阶下部。

庐陵菊石属 *Lulingites* Ma，1995

（插图 31）

属型 *Lulingites jianensis* Ma，1995

定义 壳体小，半内卷，呈轮状。外旋环厚度增长很快，横断面呈低盔状。腹部窄穹或穹圆，具有弱的腹中棱。侧部向外倾斜或外侧围微凹。壳面腹部饰有弱的纵旋纹，侧部外旋环后部有短肋或褶纹，内旋环脐缘有结节。脐部中等宽，外旋环后部脐缘不凸，向前很快凸呈高耳状。缝合线腹叶二分，侧叶呈舌形，助线系不发育。

讨论 此属在该菊石科中，以外旋环厚度增长最快为特色，区别于该菊石科中其他菊石属。

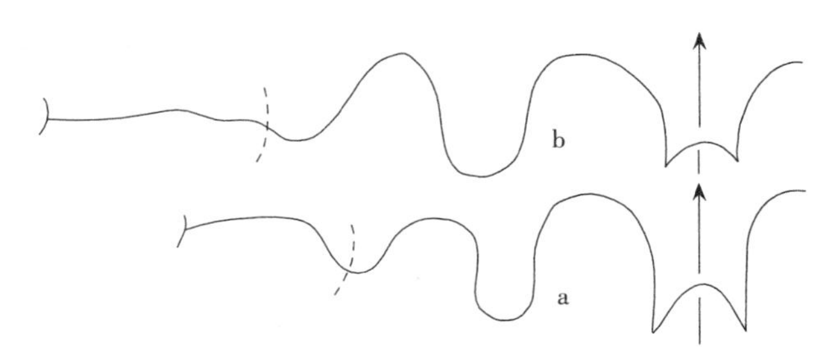

插图 31　庐陵菊石属缝合线类型

a. *Lulingites jianensis* Ma，D=11mm（85146）

b. *L. mingshanensis* Ma，D=25mm（85148）

分布和时代 江西；晚二叠世早期。

吉安庐陵菊石 *Lulingites jianensis* Ma，1995

（图版 32，图 10～15；插图 31a）

材料 有 2 块黄铁矿化完好标本。壳体度量见表 7-47。

表 7-47　壳体度量

标本登记号	*D*	*H*	*W*	*U*	*H/D*	*W/D*	*U/D*
85146（Holotype）	11.5	5.5	8.0	4.5	0.43	0.70	0.39
85147（Paratype）	8.5	3.0	4.5	3.5	0.35	0.53	0.41

描述 壳体小，壳径 8.5～11.5mm，半内卷，呈轮状。外旋环厚度增长很快，横断面呈低盔状。腹部窄穹至穹圆，具有弱低腹中棱。侧部向外倾斜。腹侧缘宽圆。壳面腹部饰有弱的纵旋纹，侧部脐缘附近有短肋，内旋环脐缘附近有结节。脐部中等宽，约占壳径的 2/5；脐缘在外旋环后部不凸，中部微凸，前部凸出呈高耳状。脐壁高且直立。

缝合线 腹叶长大于宽，被较高的腹中鞍分为两个较长的腹支叶；侧叶窄较腹叶短，上部微收缩，下端圆；脐叶较宽短；助线系不发育。外鞍宽且高于侧鞍，鞍顶均圆。

产地和层位 江西安福观溪；上二叠统乐平阶三阳亚阶下部。

鸣山庐陵菊石 *Lulingites mingshanensis* Ma，1995

（图版 32，图 16～18；插图 31b）

材料 仅有 1 块黄铁矿化标本。壳体度量见表 7－48。

表 7－48 壳体度量

标本登记号	*D*	*H*	*W*	*U*	*H/D*	*W/D*	*U/D*
85148（Holotype）	9.5	4.0	6.0	4.0	0.42	0.63	0.42

描述 壳体小，壳径 9.5mm，半内卷，呈轮状。旋环厚度大于高度，外旋环厚度增长很快，横断面呈低盔状。腹部窄穹或穹圆，具有腹中棱。腹侧缘宽圆。侧部向外倾斜，后部有短肋。内旋环脐缘有结节。脐部较宽，约占壳径的 2/5。外旋环脐缘后部不凸，中部微凸，前部外凸呈高耳状。脐壁高且直立。

缝合线 腹叶窄，被低的腹中鞍分为两个腹支叶。侧叶呈舌形。助线系不发育。外鞍宽，鞍顶偏内侧，侧鞍鞍顶窄圆。

比较 此种壳形与 *L. jianensis* 大体类似。但缝合线腹叶窄，腹中鞍低，外鞍和侧叶宽，侧鞍顶窄而圆。易于区别。

产地和层位 江西乐平鸣山；上二叠统乐平阶三阳亚阶下部。

厚轮菊石属 *Pachyrotoceras* Zhao，Liang et Zheng，1978

枫田厚轮菊石 *Pachyrotoceras fengtianense* Ma，1995

（图版 32，图 19～26；插图 32a）

材料 共有 3 块标本，其中 2 块标本完好。壳体度量见表 7－49。

表 7－49 壳体度量

标本登记号	*D*	*H*	*W*	*U*	*H/D*	*W/D*	*U/D*
85102（Paratype）	21.0	9.0	14.0	10.0	0.43	0.67	0.48
85106（Holotype）	21.0	7.0	14.0	8.0	0.33	0.67	0.38
85108（Paratype）	11.5	4.0	8.5	5.0	0.35	0.74	0.43

描述 壳体较小，壳径 11.5～21.0mm，半内卷，呈厚轮状。旋环厚度大于高度，横断面呈盘状。腹部中等宽，微穹，具有一条脊形腹中棱。腹侧缘呈圆角状。侧部窄，微凹。腹部饰有纵旋纹。脐部较宽，约占壳径的 2/5；脐缘凸出，脐壁陡斜。

缝合线 腹叶宽短，被腹中鞍低分为二：侧叶窄，下端圆；脐叶短，下端圆。助线系较发育。外鞍宽且高于侧鞍，鞍顶均圆。

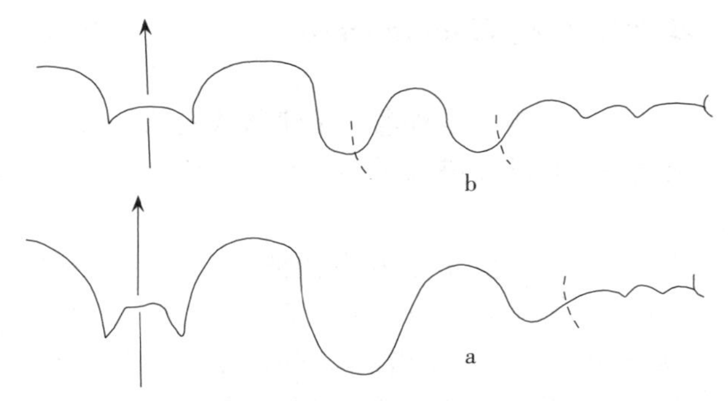

插图 32　厚轮菊石属缝合线类型

a. *Pachyrotoceras fengtianense* Ma，*D*=21mm（85106）

b. *P. jiangxiense* Ma，*D*=10.5mm（85109）

比较　该种与赵金科等（1978）在丰城建立的两个菊石种的壳形颇相似，但侧叶前者远宽于后者，易于区别。

产地和层位　江西安福北华山；上二叠统乐平阶三阳亚阶下部。

江西厚轮菊石 *Pachyrotoceras jiangxiense* Ma，1995

（图版 32，图 27～34；插图 32b）

材料　共有 4 块完好标本。壳体度量见表 7-50。

表 7-50　壳体度量

标本登记号	*D*	*H*	*W*	*U*	*H/D*	*W/D*	*U/D*
85109（Holotype）	12.0	5.0	9.0	9.0	0.42	0.75	0.50
85110（Paratype）	32.0	8.0	26.5	22.0	0.25	0.81	0.69
85111（Paratype）	6.0	2.5	4.0	2.5	0.42	0.67	0.42
85112（Paratype）	11.5	4.0	9.0	6.5	0.35	0.78	0.57

描述　壳体小至中等大，壳径 6～32mm，半内卷，呈厚轮状。旋环厚度大于高度，横断面呈低盔状。腹部宽且微凸，具有脊形腹中棱。腹侧缘呈亚角状。侧部窄，微凸。壳面饰有生长纹，腹部有纵旋纹与横生纹，交织成网纹。脐部大，约占壳径的 1/2；脐缘外侧凸起较高，脐壁陡直。

缝合线　腹叶宽短，二分叉；侧叶较窄，下端圆；脐叶较宽短，下端圆；助线系较发育。外鞍特宽。

比较　此种与 *P. fengtianense* 的壳形有些类似。但前者腹部饰有网纹。缝合线侧叶宽。易于区别。

产地和层位　江西安福北华山；上二叠统乐平阶三阳亚阶下部。

花桥菊石科 *Huaqiaoceratidae* Ma，2002

定义 壳体小或中等大，半内卷或半外卷，呈饼状或轮状。腹部呈尖棱脊状或棱状。侧部宽且微凹。腹侧缘钝圆或呈亚角状。脐缘微凸或凸出。缝合线腹叶二分或三分；侧叶下端有齿；脐叶下端无齿。

讨论 该菊石科以侧叶有齿而脐叶无齿为特征。它包含有斯宾诺萨等（1975，270页，缝合线插图16～C、D）和赵金科等（1978，50页，图4）所描绘的缝合线类型。这种缝合线类型介于原始期侧叶、脐叶均无齿的安德生菊石科和进化后侧叶、脐叶均有齿的阿拉斯菊石科之间，形成一个过渡性的菊石科。花桥菊石科。

分布和时代 中国、墨西哥；晚二叠世早期。

花桥菊石属 *Huaqiaoceras* Ma，2002

属型 *Huaqiaoceras jiangxiense* Ma，2002

定义 壳体中等大，半内卷，呈饼状。旋环高度大于厚度，横断面近长方形。腹部窄，呈尖棱形。腹侧缘宽圆。侧部中等宽，微凹。壳面饰有放射状弱褶。脐部中等宽，脐缘微凸。缝合线腹叶二分，侧叶有齿，脐叶无齿。

讨论 此属与斯宾诺萨等（1975，264～281页，图版5，图4、5；插图16D）所描绘的壳形和缝合线颇相似，但前者壳体侧部微凹，缝合线腹叶较窄长，侧叶长且两侧近于平行，脐叶宽短，易于区别。应为同科不同属。

分布和时代 江西；晚二叠世早期。

江西花桥菊石 *Huaqiaoceras jiangxiense* Ma，2002

（图版33，图1～3；插图33b）

材料 仅有1块完整标本。壳体度量见表7-51。

表7-51 壳体度量

标本登记号	*D*	*H*	*W*	*U*	*H/D*	*W/D*	*U/D*
85149（Holotype）	26.0	10.0	8.0	9.0	0.38	0.31	0.35

描述 壳体中等大，壳径26mm，半内卷，呈薄饼状。旋环高度大于厚度，横断面呈长方形或宽矛形。腹部尖棱形。腹侧缘宽圆，侧部较宽，微凹。壳面侧部有向前延伸的弯曲弱褶，该褶起自脐缘附近，消失于腹侧缘。腹部有纵旋纹，在住室与横生纹交织成网格状。脐部中等宽，约占壳径的1/3；脐缘微凸，脐壁中等高且直立。

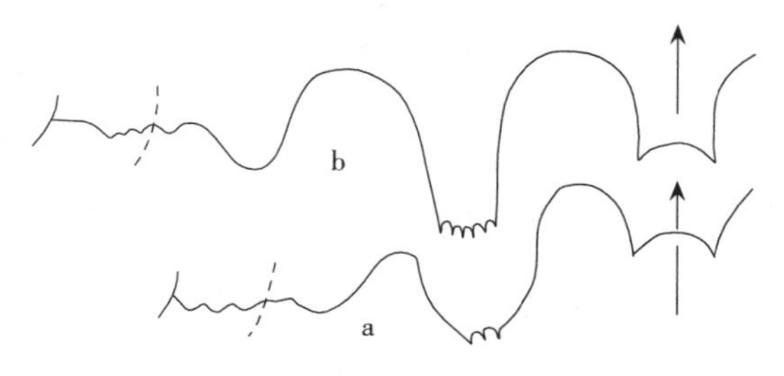

插图 33　花桥菊石属的缝合线

a. *Huaqiaoceras latilobatum* Ma，D=19.5mm（85105）

b. *H. jiangxiense* Ma，D=21mm（85149）

缝合线　腹叶较长，下端二分；侧叶窄长，下端有 7 个小齿；脐叶无齿；助线系较发育。外鞍及侧鞍的鞍顶宽圆。

产地和层位　江西安福北华山；上二叠统乐平阶三阳亚阶下部。

宽叶花桥菊石 *Huaqiaoceras latilobatum* Ma，2002

（图版 33，图 4～6；插图 33a）

材料　仅有 1 块完整标本。壳体度量见表 7－52。

表 7－52　壳体度量

标本登记号	D	H	W	U	H/D	W/D	U/D
85150（Paratype）	26.0	11.0	6.0	11.0	0.42	0.23	0.38

描述　壳体中等大，壳径 26mm，半内卷，呈饼状。旋环高度大于厚度，横断面呈长方形。腹部窄，具有一条尖的腹棱，该腹棱两侧各有一条浅沟。腹侧缘宽圆。侧部较宽微凹。壳面饰有 S 形褶纹，该褶纹起自脐缘附近，至腹中棱浅沟外侧消失。脐部较宽，约占壳径的 2/5；脐缘微凸，脐壁较低且直立。

缝合线　腹叶宽短，被低中鞍分为两个腹支叶；侧叶较宽，下端有 3 个齿；脐叶宽短，下端无齿。助线系较发育。外鞍较侧鞍宽且高。

比较　此种仅缝合线类型与 *H. jiangxiense* 相同。但前者具有腹中棱，且该棱两侧各有一条浅沟，缝合线腹叶、侧叶较宽，外鞍、侧鞍较窄。易于区别。

产地和层位　江西安福北华山；上二叠统乐平阶三阳阶下部。

详泽菊石属 *Xiangzeceras* Ma，2002

属型　*Xiangzeceras bellum* Ma，2002

定义　壳体小，半外卷，呈饼状。旋环高度大于厚度，横断面近长方形。腹部窄，具有尖的腹中棱，该棱两侧有浅沟。侧部微凹，内旋环脐缘有结节。脐部较大，脐缘微凸。缝合线腹叶三分，侧叶有齿，脐叶无齿。助线系不发育。

讨论 该属缝合线与 *Huaqiaoceras* 共属同一类型。但前者壳体外卷，壳面侧部饰有横肋，内旋环脐缘有结节，缝合线又出现腹叶三分。两者实属同科不同属。

分布和时代 江西；晚二叠世早期。

精美详泽菊石 *Xiangzeceras bellum* Ma，2002

（图版 33，图 7～9；插图 34）

材料 仅有 1 块黄铁矿化标本。壳体度量见表 7-53。

表 7-53 壳体度量

标本登记号	*D*	*H*	*W*	*U*	*H/D*	*W/D*	*U/D*
85151（Holotype）	12.5	5.5	4.5	5.0	0.44	0.36	0.40

描述 壳体小，壳径 12.5mm，半外卷，呈饼状。旋环高度大于厚度，横断面近长方形。腹部窄，具有尖的腹中棱，该棱两侧各有一条浅沟。腹侧缘宽圆。侧部微凹，饰有短肋，该肋起自脐缘，至腹侧缘消失。内旋环脐缘有结节。脐部较宽，约占壳径的 2/5；脐缘微凸，脐壁陡直。

缝合线 腹叶宽短，下端三分，腹叶对称轴偏离腹中棱。侧叶较宽长，下端具有 3 枚小齿；脐叶下端无齿。鞍顶均圆。助线系不发育。

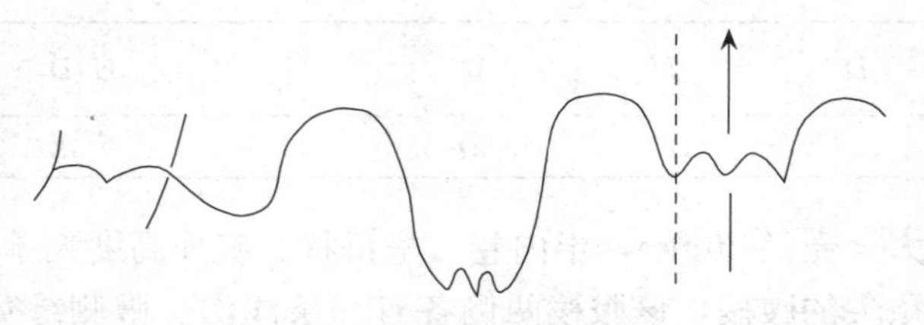

插图 34 *Xiangzeceras bellum* Ma 的缝合线，D=10mm（85151）

产地和层位 江西安福观溪；上二叠统乐平阶三阳阶下部。

窄腹菊石属 *Stenogastrioceras* Ma，2012

属型 *Stenogastrioceras compressum* Ma，2012

定义 壳体中等大，半外卷，呈薄轮状。旋环厚度大于高度，横断面呈高盔状。腹部窄，具有腹中棱，该棱两侧有浅沟。腹侧缘亚角状。侧部微凹，饰有明显的放射状褶。脐部宽，约占壳径的 1/2 弱，脐缘凸出。

讨论 此属缝合线侧叶有齿而脐叶无齿。与花桥菊石科中其他属的壳形及缝合线形态特征不尽相同。

分布和时代 江西；晚二叠世早期。

扁形窄腹菊石 *Stenogastrioceras compressum* Ma，2012

（图版 10，图 24～26；图版 30，图 1；插图 35b）

材料 仅有 1 块完美标本。壳体度量见表 7－54。

表 7－54 壳体度量

标本登记号	*D*	*H*	*W*	*U*	*H/D*	*W/D*	*U/D*
85107（Holotype）	29.0	11.0	12.0	13.0	0.34	0.40	0.45

描述 壳体中等大，壳径 29mm，半外卷，呈薄轮状。旋环厚度略大于高度，横断面呈高盔状。腹部窄，具有窄且尖的腹中棱，该棱两侧各有一条窄且浅的沟。腹侧缘亚角状。侧部宽度增长较快，气室前部到住室后部间，侧部微凹且有明显的放射褶。脐部宽，约占壳径的 1/2 弱。脐缘凸出，脐壁陡直。

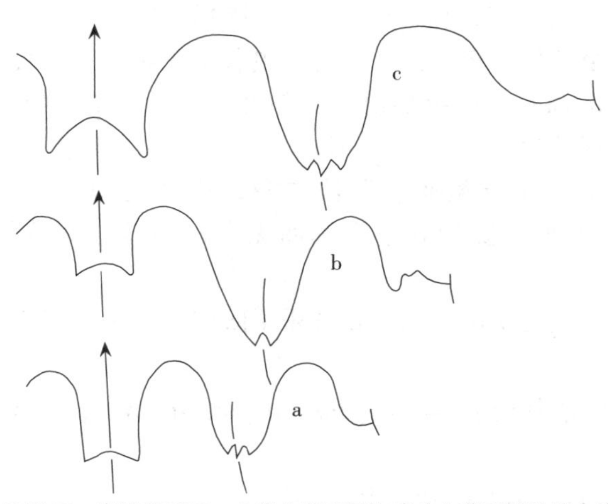

插图 35 窄腹菊石属、北华山菊石属和武功山菊石属的缝合线
a. *Beihuashanoceras robustum* Ma（85190）
b. *Stenogastrioceras compressum* Ma（85107）
c. *Wugonshanoceras robustum* Ma（85174）

缝合线 腹叶较长，下端二分；侧叶较长，下部收缩趋窄，具有 2 个小齿；脐叶窄小，无齿；外鞍宽且高于侧鞍，鞍顶均圆。

产地和层位 江西安福北华山；上二叠统乐平阶三阳亚阶下部。

北华山菊石属 *Beihuashanoceras* Ma，2012

属型 *Beihuashanoceras robustum* Ma，2012

定义 壳体较小，半内卷，呈厚轮状。旋环厚度大于高度，横断面呈低盔状。腹部宽拱，具有腹中棱，该棱两侧各有一条浅沟。腹侧缘亚角状。侧部中围微凹。壳面腹部饰有纵旋纹，侧部有弱的生长褶纹。脐部宽。脐壁陡直。缝合线侧叶有齿，脐叶无齿。

讨论 该属从壳体厚度方面看，与厚轮菊石颇相似，但前者腹部具有棱、沟，缝合线侧叶有齿。易于区别。

分布和时代 江西；晚二叠世早期。

粗壮北华山菊石 *Beihuashanoceras robustum* Ma，2012

（图版 8，图 13～18；图版 30，图 2；插图 35a）

材料 共有 2 块完好标本。壳体度量见表 7－55。

表 7－55 壳体度量

标本登记号	*D*	*H*	*W*	*U*	*H/D*	*W/D*	*U/D*
85183（Paratype）	14.5	5.0	9.5	6.5	0.34	0.66	0.45
85190（Holotype）	14.5	5.0	9.5	6.5	0.34	0.66	0.45

描述 壳体较小，壳径 14.5mm，半内卷，呈特厚轮状。旋环厚度大于高度，横断面呈低盔状。腹宽拱，具有窄而尖的腹中棱，该棱两侧各有 1 条浅沟。腹侧缘亚角状。侧部中等宽且中围微凹。壳面腹部饰有一些纵旋纹，侧部饰有弱的生长褶纹。脐部宽，约占壳径的 1/2。脐缘略向外翻。脐壁陡直。

缝合线 腹叶较窄长，下端被腹中鞍浅二分；侧叶与腹叶长度相当，稍宽于腹叶，下端圆且有 3 枚小齿；脐叶较宽短，下端圆而无齿；外鞍和侧鞍鞍顶均宽圆。助线系不发育。

产地和层位 江西安福北华山；上二叠统乐平阶三阳亚阶下部。

武功山菊石属 *Wugonshanoceras* Ma，2012

属型 *Wugonshanoceras robustum* Ma，2012

定义 壳体中等大，半外卷，呈轮状。旋环厚度相当于高度，横断面呈低盔状。腹部呈低屋脊状。腹侧缘锐圆。侧部窄且呈弧形下凹。壳面饰有纵旋纹和生长纹。脐部宽，脐缘凸出呈耳状。缝合线侧叶有齿而脐叶无齿。

讨论 此属壳径和旋环厚度相当，与 *Kiangsiceras* Chao et Liang 近似。但腹部为简单的钝角屋脊形，脐缘高凸，呈耳状，缝合线仅侧叶有齿。据此，此属应归花桥菊石科。

分布和时代 江西；晚二叠世早期。

粗壮武功山菊石 *Wugonshanoceras robustum* Ma，2012

（图版 8，图 22～24；图版 30，图 3；插图 35c）

材料 仅有 1 块完好标本。壳体度量见表 7－56。

描述 壳体中等大，壳径 26.5mm，半外卷，呈轮状。旋环厚度略大于高度，横断面呈低盔状。腹部微穹，呈低屋脊状。腹侧缘锐圆。侧部较窄，外侧围呈弧形，下凹较深。

壳面饰有粗弱的生长褶纹，腹部有稀少的纵旋纹。脐部宽，约占壳径的 1/2。脐缘凸出呈耳状。

表 7-56　壳体度量

标本登记号	*D*	*H*	*W*	*U*	*H/D*	*W/D*	*U/D*
85174（Holotype）	26.5	9.5	12.5	13.5	0.36	0.47	0.49

缝合线　腹叶较宽长，被腹中鞍分为两个较尖长的腹支叶；侧叶似倒钟状，下端有3～4个小齿。脐叶不明显，无齿。

产地和层位　江西安福北华山；上二叠统乐平阶三阳亚阶下部。

科罗拉达菊石属 *Coloradaceras* Ma，2012

属型　*Coloradaceras kingi* Ma，2012

定义　壳体较小，半外卷，呈饼状。旋环高度大于厚度，横断面近矛形。腹部呈尖棱状。脐部中等宽，脐缘圆。壳面饰有细弱的生长纹。缝合线腹叶后端浅二分，侧叶后端有3～6个小齿，脐叶后端无齿。助线系不发育。

讨论　Spinosa 、Furnish 和 Glenister（1975）所描绘的 *Kingoceras kingi* Miller 的缝合线有 A、B、C、D 四条，这四条缝合线中 A、B 与 C、D 并非同一菊石属种，也不为同一菊石科。缝合线 A、B 侧叶无齿，属于原始的 Anderssonoceratidae Ruzhecev，其属种为 *Kingoceras kingi* Miller 无误；而缝合线 C、D 侧叶有齿，属于较进化的 Huaqiaoceratidae Ma，2002，实际上是该菊石科中以前未建立的菊石属。以该菊石出自地层层位定名为科罗拉达菊石属 *Coloraceras* Ma，2012。

分布和时代　墨西哥；晚二叠世早期。

靖氏科罗拉达菊石 *Coloradaceras kingi* Ma，2012

（插图 15b，插图 36c）

Claude Spinosa，W. M. Furnish，and B. F. Glenister，1975. The Xenodiscidae，Permian Ceratitoid Ammonoids. Reprinted from Journal of Paleontology，Vol. 49，No. 2，March 1975. Text-fig. 16. C，hypotype SUI 12056 at a diameter of approximately 20mm.

描述　壳体较小，半外卷，呈饼状。旋环高度大于厚度，横断面近矛形。腹部呈尖棱形。脐部中等宽，约占壳径的 1/3，脐缘圆。壳面饰有细弱的生长纹。

缝合线　腹叶宽短，后端浅二分；侧叶中等长宽，后端有 3 个小齿；脐叶短小，下端圆且无齿。外鞍较侧鞍偏低，鞍顶均圆。助线系不发育。

产地和层位　墨西哥科阿韦拉州；科罗拉达层。

墨西哥科罗拉达菊石 *Coloradaceras mexicoense* Ma，2012

（插图 36d）

Claude Spinosa，W. M. Furnish，and B. F. Glenister，1975. The Xenodiscidae，Permian Ceratitoid Ammonoids. Reprinted from Journal of Paleontology，Vol. 49，No. 2，March 1975. Text - fig. 16. D，hypotype SUI 12052 at a diameter of 23mm.

描述 壳体较小，壳径 23mm，半外卷，呈饼状。旋环高度大于厚度，横断面近矛形，脐部中等宽。脐缘圆。

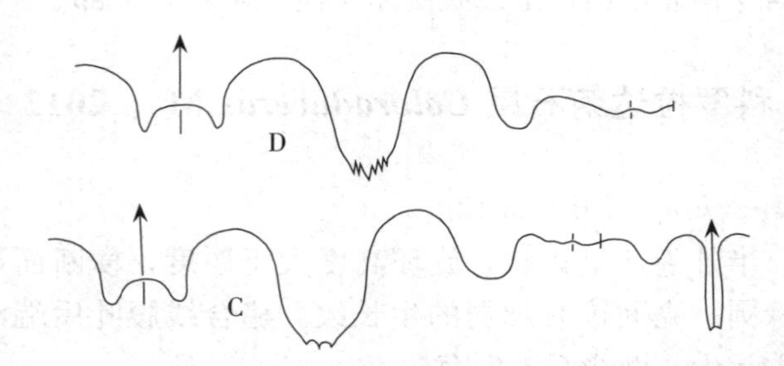

插图 36 科罗拉达菊石属缝合线类型
C. *Coloradaceras kingi* Ma，hypotype SUI 12056，$D=20$mm
D. *Coloradeceras mexicoense* Ma，hypotype SUI 12052，$D=23$mm

缝合线 腹叶宽短，下端二分，侧叶窄长，下端有 6 个小齿，脐叶窄短无齿，外鞍较宽且高于侧鞍。助线系不发育。

比较 此属与 *K. kingi* 的壳形类似，但前者缝合线侧叶窄长，且下端小齿多，易区别。

产地和层位 墨西哥科阿韦拉州；科罗拉达层。

阿拉斯菊石科 Araxoceratidae Ruzhencev，1959

阿拉斯菊石亚科 Araxoceratinae Ruzhencev，1959

阿拉斯菊石属 *Araxoceras* Ruzhencev，1959

江西阿拉斯菊石 *Araxoceras kiangsiense* Zhao，1966

（图版 8，图 19～21）

赵金科，1966，地层学杂志，第一卷，2 期：图版 2，图 10、11。赵金科、梁希洛，1978，华南二叠世头足类：图版 5，图 10、11。

描述 壳体小，壳径 28.5mm，半内卷，呈轮状。旋环厚度大于高度，横断面呈盔状。腹部较宽穹，具有弱的腹中棱。腹侧缘圆。侧部中等宽，外侧围微凹，内侧围向外倾斜。壳面饰有弱的生长纹，腹部饰有弱的纵旋纹。脐部中等大，约占壳径的 1/3；脐缘凸出，呈耳状；脐壁中等高且直立。

缝合线 腹叶很长，被较高的腹中鞍分为两个长而尖的腹支叶；侧叶下端具有 6 个小齿，与腹叶长度相当；脐叶短小，下端具有 3 个小齿。外鞍较侧鞍宽且高。

产地和层位 江西安福北华山；上二叠统乐平阶三阳亚阶下部。

前耳菊石属 *Prototoceras* Spath，1930

肥前耳菊石 *Prototoceras inflatum* Zhao，Liang et Zheng，1978

（图版 9，图 1～18；图版 10，图 1～9）

描述 壳体中等大，壳径 15.5～33mm，半外卷，呈轮状。旋环厚度大于高度，横断面呈低盔状。腹部呈低屋脊状，具有钝角状腹中棱；侧部中围微凹，内侧围陡斜。壳面腹部饰有纵旋纹，侧部有弱的生长纹。脐部较宽，约占壳径的 2/5；脐缘较凸，呈耳状；脐壁中等高。

缝合线 腹叶宽，具有尖长的腹支叶，腹中鞍顶部见有体管；侧叶宽长，外缘略有收缩，下端具有 7 个小齿；脐叶宽短，下端有 5 个小齿；助线系较发育。外鞍较侧鞍宽且高，鞍顶均圆。

产地和层位 江西安福北华山；上二叠统乐平阶三阳亚阶下部。

脊棱菊石属 *Carinoceras* Ma，2012

定义 壳体较大，半内卷或半外卷，呈轮状。腹部具有一条粗而尖的腹中棱，该棱两侧各有一条浅沟，浅沟外侧窄，倾向腹侧缘。侧部具有生长纹，脐缘凸出，呈耳状。缝合线腹叶长，侧叶更长；助线系很发育。

讨论 该属的壳形与 *Anfuceras* 颇相似，但前者腹部较宽，缝合线助线系很发育，易于区别。

分布和时代 江西；晚二叠世早期。

宽脐脊棱菊石 *Carinoceras latiumbilicatum* Ma，2012

（图版 11，图 1～12；图版 33，图 18～26；插图 37b）

描述 壳体较大，壳径 29～50mm（表 7－57），半外卷，呈轮状。旋环厚度大于高度，横断面呈盔状。腹部外微凸，具有粗而尖的腹中棱，该棱两侧各有一条浅沟，浅沟外窄面倾斜至腹侧。腹侧缘呈亚角状。侧部外侧围微凹，内侧围陡斜。壳面侧部饰有生长纹。脐部较宽，约占壳径的 2/5；脐缘外凸较高；脐壁高且陡。

表 7－57 壳体度量

标本登记号	*D*	*H*	*W*	*U*	*H/D*	*W/D*	*U/D*
85185（Holotype）	50	19.5	23	21	0.39	0.46	0.42
85186（Paratype）	29	13	15	8			
85187（Paratype）	46.5	16.5	—	21	0.36	—	0.46
85188（Paratype）	48.5	20	27.5	19.5	0.41	0.57	0.40

缝合线 腹叶较长，下端二分为两个腹支叶；侧叶长宽比近于 5 比 2，下端具有 5 枚小齿；脐叶窄短，下端具有 3 个小齿；助线系很发育。外鞍宽于侧鞍，鞍顶均圆。

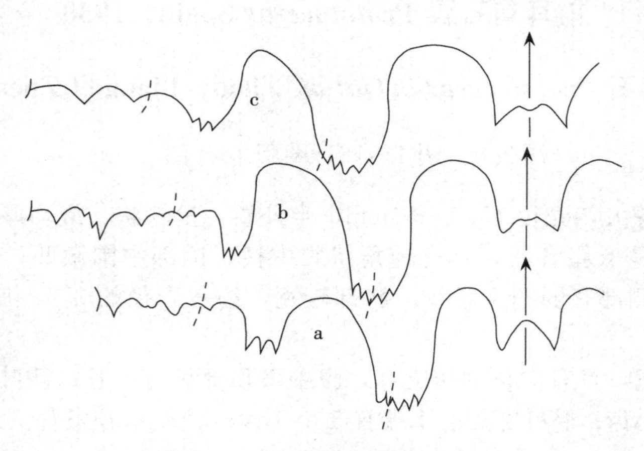

插图 37 脊棱菊石属的缝合线

a. *Carinoceras latilobatum* Ma（85189）

b. *C. latiumbilicatum* Ma，D=43.5mm（85185）

c. *C. venustum* Ma（85199）

产地和层位 江西安福北华山；上二叠统乐平阶三阳亚阶下部。

宽叶脊棱菊石 *Carinoceras latilobatum* Ma，2012

（图版 11，图 13～21；图版 8，1～12；插图 37a）

描述 壳体中等大，壳径 39mm（表 7-58），半外卷，呈轮状。旋环厚度大于高度，横断面呈低盔状。腹部穹，具有粗而尖的腹中棱，该棱两侧各有一条浅沟，腹侧缘呈棱角状。侧部外侧围微凹，内侧围陡斜。脐部中等宽，约占壳径的 1/3；脐缘凸出呈耳状；脐壁高且陡。

表 7-58 壳体度量

标本登记号	D	H	W	U	H/D	W/D	U/D
85189（Holotype）	39	17.5	22.5	14	0.45	0.58	0.36
85193（Paratype）	15.5	7	8.5	7	0.45	0.55	0.45
85197（Paratype）	42	16	22	13	0.38	0.52	0.31
85134（Paratype）	14	5.5	8.5	8	0.39	0.61	0.48
85140（Paratype）	21	8.5	9	8.5	0.40	0.48	0.40

缝合线 腹叶宽，被高的腹中鞍分为两个尖长的腹支叶；侧叶长，下端有 5 个小齿；脐叶短，下端有 3 个小齿；助线系相当发育。侧鞍较外鞍宽，鞍顶均圆。

产地和层位 江西安福北华山；上二叠统乐平阶三阳亚阶下部。

美丽脊棱菊石 *Carinoceras venustum* Ma，2012

（图版 10，图 15～17；插图 37c）

描述 壳体中等大，壳径 30mm（表 7-59），半外卷，呈薄轮状。旋环厚度大于高度，横断面呈盔状。腹部中等，具有较高的腹中棱，该棱两侧各有一条浅沟。腹侧缘呈亚角状。侧部中围微凹。壳面侧部饰有明显的生长褶纹。脐部较宽，约占壳径的 2/5；脐缘低凸，脐壁陡直。

表 7-59 壳体度量

标本登记号	*D*	*H*	*W*	*U*	*H/D*	*W/D*	*U/D*
85199（Holotype）	30	12.5	13	12.5	0.42	0.43	0.42

缝合线 腹叶下部窄、上部宽，呈漏斗状，下端二分。侧叶较宽长，下部向下端收缩，下端有 2 个小齿。脐叶窄短，下端有 3 枚小齿。外鞍和侧鞍均歪向脐部，鞍顶均圆。

比较 本种与 *C. latilobatum* 壳形颇相似，但前者腹支叶短，侧叶下端齿少，易于区别。

产地和层位 江西安福北华山；上二叠统乐平阶三阳亚阶下部。

圆叶脊棱菊石 *Carinoceras orbilobatum* Ma，2012

（图版 10，图 18～20；插图 38）

描述 壳体较小，壳径 22mm（表 7-60），半内卷，呈轮状。旋环厚度大于高度，横断面呈低盔状。腹部拱圆，具有棱状腹中棱，该棱两侧各有一条浅沟。腹侧缘呈亚角状。侧部中等宽，外侧围微凹，内侧围陡斜。壳面腹部饰有弱的纵旋纹，侧部饰有弱的横向生长纹。脐部宽，约占壳径的 1/2；脐缘凸出，呈耳状，脐壁高且直立。

表 7-60 壳体度量

标本登记号	*D*	*H*	*W*	*U*
85169（Holotype）	22.0	7.0	12.5	11.0

缝合线 腹叶较宽，下端被腹中鞍分为两个腹支叶，侧叶宽且长，上部略有收缩，下部膨胀，下端圆且有 3～4 个小齿；脐叶特短，下端有 4 个小齿；助线系较发育。外鞍远宽于侧鞍，鞍顶均圆。

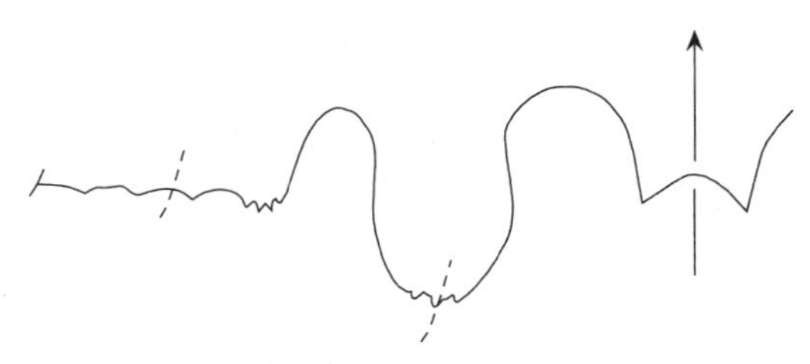

插图 38 *Carinoceras orbilobatum* Ma 的缝合线，*D*=17mm（85169）

比较 该种与本属前 3 种不同之处在于前者侧叶上部收缩，下部膨胀，下端齿少且圆。易于区别。

产地和层位 江西安福北华山；上二叠统乐平阶三阳亚阶下部。

孔岭菊石亚科 Konglingitinae Zhao，Liang et Zheng，1978

雅岭菊石属 *Yalingites* Ma，2002

属型 *Yalingites hoplobatum* Ma，2002

定义 壳体较小或中等大，半外卷，呈轮状。旋环横断面呈低盔状。腹部具有一条腹中棱，该棱两侧各有一条浅沟。腹侧缘圆角状。侧部较窄且微凹。壳面光滑或侧部有褶纹。脐部中等宽，脐缘外凸，呈高耳状。缝合线侧叶被腹侧缘分开，呈现内、外裂叶之分。

讨论 该属与 *Konglingites* Zhao，Liang et Zheng 缝合线类型相同。但前者内侧裂叶短小，壳体脐缘偏高。易于区别。

分布和时代 江西；晚二叠世早期。

蹄叶雅岭菊石 *Yalingites hoplolobatum* Ma，2002

（图版 33，图 10～12；插图 39b）

材料 仅有 1 块较完整标本。壳体度量见表 7－61。

表 7－61 壳体度量

标本登记号	D	H	W	U	H/D	W/D	U/D
85203（Holotype）	32.0	13.0	18.5	13.0	0.41	0.58	0.41

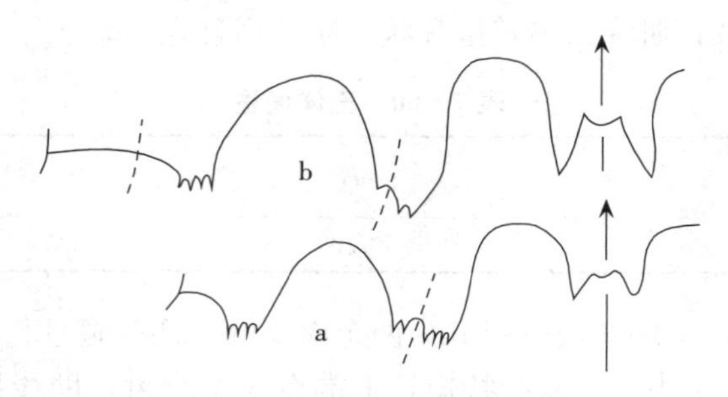

插图 39 雅岭菊石缝合线类型

a. *Yalingites mirabilis* Ma，D=18mm（85204）

b. *Y. hoplolobatum* Ma，D=25mm（85203）

描述 壳体中等大，壳径 32.0mm，半外卷，呈轮状。旋环厚度大于高度，横断面呈低盔状。腹部较穹，具有明显的腹中棱，该棱两侧各有一条浅沟。腹侧缘呈亚角状。侧部较窄，外侧围微凹，内侧围陡斜。脐部中等宽，约占壳径的 2/5，脐缘凸出，呈耳状。

缝合线 腹叶宽，被较高的腹中鞍分为 2 个尖长的腹支叶；侧叶被腹侧缘分为 2 部分，内侧裂叶，短而无齿，外侧裂叶下端有 2 个齿；脐叶宽短，下端有 3 个齿。助线系不发育。

侧鞍较外鞍宽，鞍顶均圆。

产地和层位 江西安福北华山；上二叠统乐平阶三阳亚阶下部。

奇异雅岭菊石 *Yalingites mirabilis* Ma，2002

（图版 33，图 13～17；插图 39a）

材料 共有 2 块完整标本。壳体度量见表 7-62。

表 7-62 壳体度量

标本登记号	*D*	*H*	*W*	*U*	*H/D*	*W/D*	*U/D*
85204（Holotype）	21.0	9.0	15.0	9.0	0.43	0.71	0.43
85205（Paratype）	15.0	6.0	10.0	6.5	0.40	0.67	0.43

描述 壳体较小，壳径 15.0～21.0mm，半外卷，呈轮状。旋环高度大于厚度，横断面呈低盔状。腹部窄且穹圆。腹侧缘圆角状。侧部窄，外侧围微凹，内侧围陡斜。壳面饰有纵旋纹，侧部有横褶纹。脐部较宽，约占壳径的 2/5，脐缘凸出，呈高耳状。

缝合线 腹叶短，二分；侧叶短，被腹侧缘分为两部分，外裂叶下端有 4 个齿，内裂叶短，下端有 2 个小齿。

比较 此种与 *Y. hoplolobatum* 的缝合线十分相似。但前者腹中较低，侧叶的内裂叶有齿。易于区别。

产地和层位 江西安福北华山；上二叠统乐平阶下部。

锦江菊石属 *Jinjiangoceras* Zhao，Liang et Zheng，1978

纹锦江菊石 *Jinjiangoceras striatum* Zheng et Ma，1982

（图版 34，图 1～4；插图 40b）

材料 共有 2 块标本。壳体度量见表 7-63。

表 7-63 壳体度量

标本登记号	*D*	*H*	*W*	*U*	*H/D*	*W/D*	*U/D*
54600（Holotype）	49.0	25.0	13.0	6.0	0.51	0.27	0.12
54601（Paratype）	42.5	22.5	13.5	6.0	0.52	0.32	0.14

描述 壳体较大，内卷，扁饼状。旋环高度大于厚度，横断面近长方形，两侧平行。腹部窄穹，具有 3 条高且尖的腹棱，在腹中棱与腹侧棱间有两个较深的沟。住室外侧围渐变过渡到腹部，未形成棱状腹侧缘。侧部宽平，壳面饰有 S 形生长纹。脐部小，约占壳径的1/6，脐缘浑圆，脐壁很低。

缝合线 为齿菊石式。侧叶窄长；侧鞍窄高，且向脐方偏斜。

比较 本种与 *J. compressum* 相似，但前者腹侧缘浑圆，不呈棱状，侧部不具纵纹。

产地和层位 江西宜春庐村；上二叠统乐平阶三阳亚阶下部。

扁缩锦江菊石 *Jinjiangoceras compressum* Zheng et Ma, 1982

（图版 34，图 5～9；插图 40c）

材料 共有 6 块标本。壳体度量见表 7-64。

表 7-64 壳体度量

标本登记号	*D*	*H*	*W*	*U*	*H*/*D*	*W*/*D*	*U*/*D*
54602（Holotype）	41.0	20.0	12.0	9.0	0.49	0.29	0.22
54603（Paratype）	46.0	23.5	14.0	10.0	0.51	0.30	0.22
54604（Paratype）	36.5	18.0	11.5	7.5	0.49	0.32	0.21
54605（Paratype）	44.0	23.5	13.0	7.5	0.53	0.30	0.17
54606（Paratype）	40.0	—	13.0	—	—	0.33	—
54607（Paratype）	39.0	20.0	11.0	8.0	0.51	0.28	0.21

描述 壳体中等大，内卷，扁饼状。旋环横断面近长方形，两侧平行。腹部窄穹，具有3条高且尖的腹棱，在其腹中棱与腹侧棱间，有两个较深的沟。腹侧缘呈棱状，在腹侧棱与腹侧缘棱间微凹。侧部宽而较平。饰有向前斜的S形生长纹，在侧部形成向前的弧形侧凸；在腹部形成向后凸的腹弯。侧部中围有一纵旋棱。脐部小。

缝合线 为齿菊石式。腹叶短，侧叶宽短；侧鞍宽，鞍顶尖缩且向脐方偏斜。

比较 赵金科等（1978）描述的 *Jinjiangoceras* sp. 2 的标本与种十分一致，应归此种。

产地和层位 同前一种。

江西锦江菊石 *Jinjiangoceras jiangxiense* Zheng et Ma, 1982

（图版 34，图 17～21；插图 40a）

材料 有 2 块标本。壳体度量见表 7-65。

表 7-65 壳体度量

标本登记号	*D*	*H*	*W*	*U*	*H*/*D*	*W*/*D*	*U*/*D*
54611（Holotype）	31.0	17.0	12.0	8.0	0.55	0.49	0.26
54612（Paratype）	32.0	—	12.0	9.0	—	0.38	0.24

描述 壳体较小，半内卷，呈凸透镜状。旋环高度大于厚度。腹部窄穹，具有尖的腹中棱和低弱的腹侧棱，在腹中棱与腹侧棱间有较深的腹沟。腹侧缘呈棱状，在腹侧棱和腹侧缘棱间有一微凹的浅沟。侧部宽微凹。住室内侧围有一弱的纵旋棱。脐部小，约占壳径的1/4。住室脐缘凸出，气室脐缘不凸，脐缘浑圆。

缝合线 为齿菊石式。外鞍较窄，侧叶较短，侧鞍顶部略尖缩。

比较 此种与 *J. striatum* 的壳形和壳饰颇相似。但前者缝合线侧叶宽短，侧鞍宽且低，易于区别。

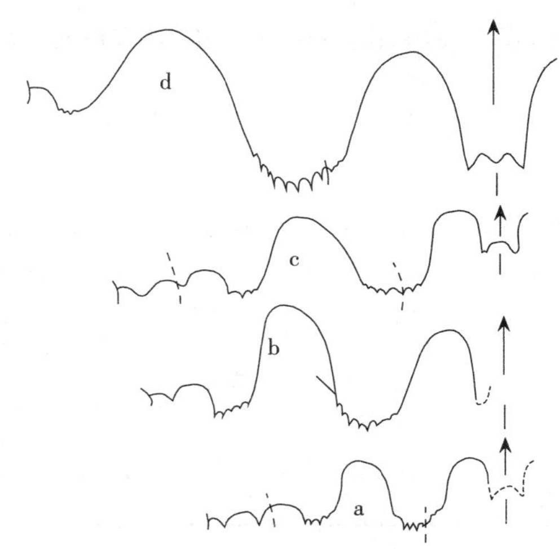

插图 40　锦江菊石属的缝合线

a. *Jinjiangoceras jiangxiense* Zheng et Ma，D=9mm（54611）

b. *J. striatum* Zheng et Ma，H=11.5mm（84600）

c. *J. compressum* Zheng et Ma，H=11.7mm（54602）

d. *Jinjiangoceras ventroplanum* Zheng et Ma，H=23mm（54613）

产地和层位　同前一种。

平腹锦江菊石 *Jinjiangoceras ventroplanum* Zheng et Ma，1982

（图版 34，图 22、23；插图 40d）

材料　有 2 块标本。壳体度量见表 7 - 66。

表 7 - 66　壳体度量

标本登记号	D	H	W	U	H/D	W/D	U/D
54613（Holotype）	84.6	43.6	22.4	18.0	0.52	0.26	0.21
54614（Paratype）	60.0	35.0	—	16.0	0.58	—	0.27

描述　壳体大，近内卷，呈轮状。旋环横断面呈长方形。腹部平，具有低钝的腹中棱和腹侧棱。腹侧缘呈棱状。棱与棱间有很浅的沟。侧部很宽平。脐部小，约占壳径的 1/5，脐缘浑圆，脐壁低。

缝合线　为齿菊石式，腹叶较长，侧叶后端有 9 个齿，侧鞍较高且向脐方偏斜，脐叶宽短，有 4 个齿。

比较　此种标本其外形与 *Yuanzhouceras shatangense* Ma，2012 的正型标本颇相似。但后者标本相对较小，腹部呈屋脊形，腹中棱甚高且尖腹侧缘很微弱，侧部中围具一弱的纵旋棱，且外围微凹，两者明显不同。但鉴于该种标本内部旋环未保存，幼年期壳体特征不明，暂归于 *Jinjiangoceras* 属内。

产地和层位 江西宜春庐村；上二叠统乐平阶三阳亚阶上部。

凸透镜锦江菊石 *Jinjiangoceras dilentiformis* Ma，2012

（图版 10，图 21～23；插图 41）

描述 壳体较小，壳径 23mm（表 7-67），半内卷，呈双凸透镜状。旋环高度大于厚度，横断面近三角形。腹部窄穹，具有高而尖的腹中棱，该棱两侧各有一条浅沟，此浅沟外侧陡斜于腹侧缘。腹侧缘呈钝角。外侧部较宽，微凹，内侧围向外倾斜，壳体最大厚度位于脐缘处。脐部小，约占壳径的 1/4；脐缘亚角状；脐壁高且陡。

表 7-67 壳体度量

标本登记号	*D*	*H*	*W*	*U*	*H/D*	*W/D*	*U/D*
85206（Holotype）	23	11	9	6.5	0.48	0.39	0.28

缝合线 腹叶较长，下端二分；侧叶宽肥，下端具有 7 枚小齿；脐叶窄，下端具有 5 枚小齿。外鞍顶圆，侧鞍顶偏向内侧，助线系较发育。

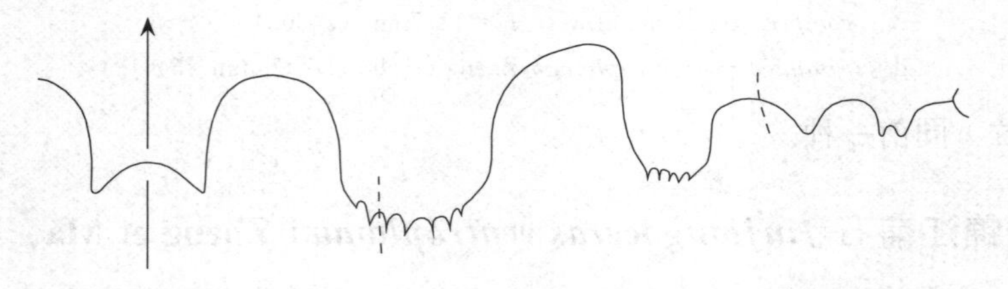

插图 41 *Jinjiangoceras dilentiformis* Ma 的缝合线

比较 该种的壳形与 *J. shatangense* 颇相似。但前者侧部中围无纵旋棱，腹叶较短，助线发育不如后者。易于区别。

产地和层位 江西宜春庐村；上二叠统乐平阶三阳阶上部。

江西菊石属 *Kiangsiceras* Chao et Liang，1965

尖棱江西菊石 *Kiangsiceras acutum* Ma，1995

（图版 10，图 10～12；插图 42）

材料 仅有 1 块完好标本。壳体度量见表 7-68。

表 7-68 壳体度量

标本登记号	*D*	*H*	*W*	*U*	*H/D*	*W/D*	*U/D*
85182（Holotype）	20.5	13.0	21.0	13.0	0.44	0.78	0.44

描述 壳体重等大，壳径 29.5mm，半外卷，呈轮状。旋环厚度大于高度，横断面呈低盔状。腹部宽穹，具有较高的腹中棱，该棱两侧各有一条浅沟。腹侧缘呈亚角状。侧部窄，

外侧围微凹；内侧围饰有疏且宽的放射褶。脐部宽，约占壳径的 1/2；脐缘相当凸，呈高领状；脐壁高且陡。

缝合线 腹叶宽且长，被高的腹中鞍分为两个尖长的腹支叶；侧叶较长，上部收缩，下端有 5 个齿；脐叶宽短，下端有 6 个弱齿。外鞍和侧鞍，鞍顶均圆。

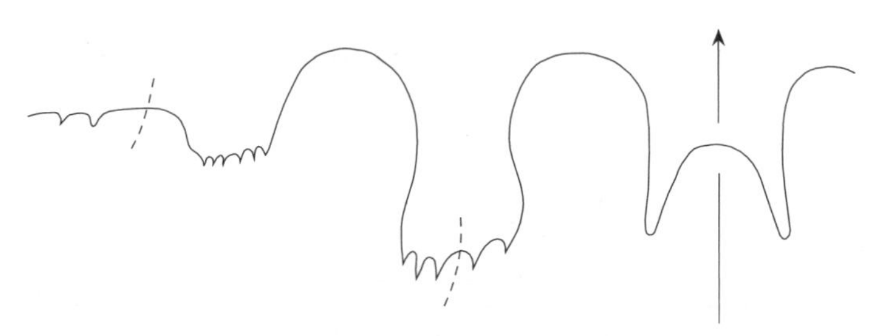

插图 42 *Kiangsiceras acutum* Ma 的缝合线，*D*=25mm（85182）

比较 此种的壳形与 *Kiangsiceras rotule* Chao et Liang 颇相似，但前者腹部较窄，缝合线侧叶窄长，腹侧缘未分裂侧叶。易于区别。

产地和层位 江西安福北华山；上二叠统乐平阶三阳亚阶下部。

奇异江西菊石 *Kiangsiceras mirificum* Ma，1995

（图版 10，图 13、14；插图 43）

材料 仅有 1 块完好标本。壳体度量见表 7-69。

表 7-69 壳体度量

标本登记号	*D*	*H*	*W*	*U*	*H/D*	*W/D*	*U/D*
85184（Holotype）	29.5	13.5	25.0	12.0	0.46	0.85	0.41

描述 壳体中等大，壳径 29.5mm，半外卷，呈厚轮状。旋环厚度大于高度，横断面呈低盔状。腹部偏宽穹，具有粗的腹中棱，该棱两侧各有一条浅沟。腹侧缘呈亚角状。侧部窄，外侧围微凹，内侧围陡斜。脐部较宽，约占壳径的 2/5。脐缘很凸，外旋环前部脐缘凸出，呈高领状。脐壁高且陡。

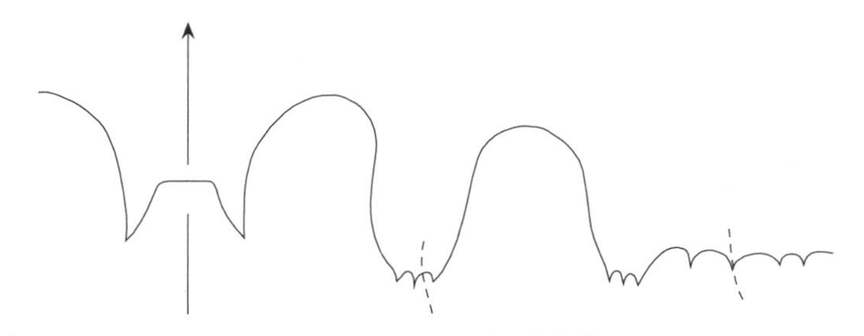

插图 43 *Kiangsiceras mirificum* Ma 的缝合线，*D*=27mm（85184）

缝合线 腹叶宽短，被宽的腹中鞍分为 2 个较尖长的腹支叶；侧叶较窄长，后端具有 3

个齿。脐叶窄短，后端具有 3 个齿；侧鞍低于外鞍，鞍顶均圆。

产地和层位 江西安福北华山；上二叠统乐平阶三阳亚阶下部。

三阳菊石属 *Sanyangites* Zhao，Liang et Zheng，1978

膨胀三阳菊石 *Sanyangites inflatum* Zheng et Ma，1982

（图版 35，图 6～11，插 44a）

材料 共有 7 块标本。壳体度量见表 7－70。

表 7－70 壳体度量

标本登记号	*D*	*H*	*W*	*U*	*H/D*	*W/D*	*U/D*
54617（Holotype）	28.0	14.0	18.0	9.5	0.50	0.64	0.34
54618（Paratype）	35.5	17.0	22.0	11.0	0.48	0.62	0.31
54619（Paratype）	40.2	18.5	21.5	14.2	0.46	0.52	0.35
54620（Paratype）	48.0	23.0	—	15.0	0.48	—	0.31
54621（Paratype）	37.0	17.5	19.5	12.5	0.47	0.53	0.34
54622（Paratype）	33.0	15.0	18.0	10.0	0.45	0.55	0.30
54623（Paratype）	33.0	15.0	17.5	11.0	0.45	0.53	0.33

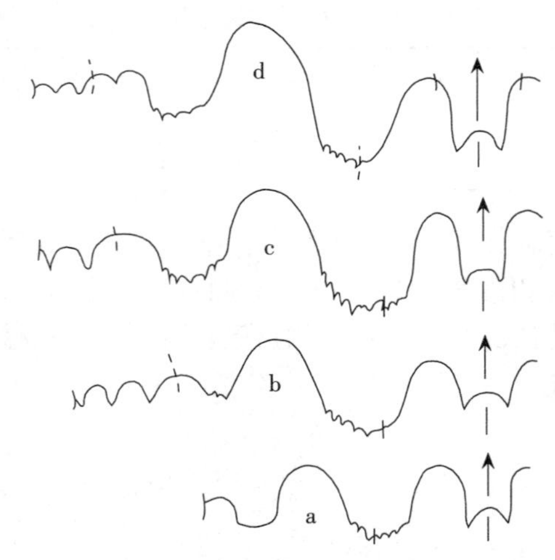

插图 44 三阳菊石属的缝合线

a. *Sanyangites inflatum* Zheng et Ma，*H*=8mm（54617）

b. *S. obesus* Zheng et Ma，*H*=14.5mm（54626）

c. *S. simplex* Zheng et Ma，*H*=13mm（54630）

d. *S. lenticularis* Zheng et Ma，*H*=14.5mm（54638.）

描述 壳体近内卷，轮状。旋环厚度大于高度，横断面呈盔形。腹部中等宽，微穹，具有 3 条腹棱和 4 条腹沟。腹侧缘呈棱状。侧部较窄，显著下凹。住室内侧围具有很弱的纵旋棱。脐部宽约占壳径的 1/3，脐缘局部十分凸，呈高耳状，脐壁陡。

缝合线 为齿菊石式。侧叶宽短；侧鞍向内倾且高于外鞍。

比较 此种壳形与 *S. obesus* 比较相似，但壳体较小，脐缘凸出，高低不一，腹部微穹。

产地和层位 江西宜春庐村；上二叠统乐平阶三阳亚阶上部。

简单三阳菊石 *Sanyangites simplex* Zheng et Ma，1982

（图版 35，图 17～20；插图 44c）

材料 共有 2 块标本，其一保存不完整。壳体度量见表 7－71。

表 7－71 壳体度量

标本登记号	*D*	*H*	*W*	*U*	*H/D*	*W/D*	*U/D*
54630（Holotype）	50.0	22.0	20.0	15.2	0.44	0.40	0.30

描述 壳体近内卷，轮状。旋环高度大于厚度，横断面呈高盔状。腹部中等宽平，具有 3 条腹棱及 4 条腹沟，腹侧缘呈棱状。气室前部和住室后部内侧围具有一条纵旋棱，将侧部分为内外两个部分。脐部较大，约占壳径的 1/3；脐缘微凸。

缝合线 齿菊石式。腹叶较窄，除较宽的第二脐叶外，外缝合线有 2 个简单的小脐叶。外鞍很窄，侧鞍较高。

比较 此种的壳形与 *S. multilobatus* 颇相似，但后者的缝合线较复杂。

产地和层位 江西宜春庐村；上二叠统乐平阶三阳亚阶上部。

肥厚三阳菊石 *Sanyangites obesus* Zheng et Ma，1982

（图版 35，图 13～16；插图 44b）

材料 共有 4 块标本。壳体度量见表 7－72。

表 7－72 壳体度量

标本登记号	*D*	*H*	*W*	*U*	*H/D*	*W/D*	*U/D*
54626（Holotype）	50.5	22.0	24.0	15.0	0.44	0.48	0.31
54627（Paratype）	40.2	18.0	22.4	13.5	0.45	0.56	0.34
54628（Paratype）	45.0	20.0	23.0	15.4	0.44	0.51	0.34
54629（Paratype）	46.0	19.0	23.5	—	0.41	0.51	—

描述 壳体中等大，壳径 40.2～50.5mm，内卷，呈轮状。旋环高度略小于厚度，横断面呈梯形。腹部宽平，具有 3 条明显的腹棱和 4 条浅腹沟。腹侧缘呈尖棱状。侧部外侧围显著下凹。脐宽约占壳径的 1/3；脐缘显著凸起，呈高耳状，脐壁高陡。壳面饰有生长纹。

缝合线 为齿菊石式。腹叶宽短，侧叶相当宽短。外缝合线除脐叶外，有 3～4 个简单小叶。

产地和层位 江西宜春庐村；上二叠统乐平阶三阳亚阶上部。

饼形三阳菊石 *Sanyangites lenticularis* Zheng et Ma，1982

（图版 36，图 11、12；插图 44d）

材料　仅有 1 块标本。壳体度量见表 7－73。

表 7－73　壳体度量

标本登记号	*D*	*H*	*W*	*U*	*H/D*	*W/D*	*U/D*
54638（Holotype）	46.5	24.0	14.6	10.8	0.52	0.31	0.23

描述　壳体中等大，内卷，呈凸透镜状。壳体最大厚度位于脐缘。旋环横断面呈三角形。腹部窄穹，具有尖的腹中棱和腹侧棱，腹侧缘呈棱状，棱与棱间有腹沟，其中腹中棱两侧的沟最显著。侧部外侧围微凹，内侧围有一不明显的纵旋棱。脐部略大于壳径的 1/4，脐缘较圆，微凸。

缝合线　为齿菊石式。腹叶窄长，侧叶较宽长，除宽短的第二脐叶外，外缝合线具 3 个简单的小脐叶。外鞍窄，侧鞍较外鞍高。

比较　此种壳形与 *Avushoceras jakowlewi* Ruzhencev 颇相似，但二者缝合线区别较大，后者侧叶后端明显二分，第二脐叶较窄长且其外侧的小齿甚发育。

产地和层位　江西宜春庐村；上二叠统乐平阶三阳亚阶上部。

脊棱三阳菊石 *Sanyangites liratus* Zheng et Ma，1982

（图版 35，图 1～5；插图 45a）

材料　共有 2 块标本。壳体度量见表 7－74。

表 7－74　壳体度量

标本登记号	*D*	*H*	*W*	*U*	*H/D*	*H/D*	*U/D*
54615（Holotype）	41.6	21.0	14.0	11.0	0.50	0.34	0.26
54616（Paratype）	38.4	19.0	16.0	10.0	0.49	0.42	0.26

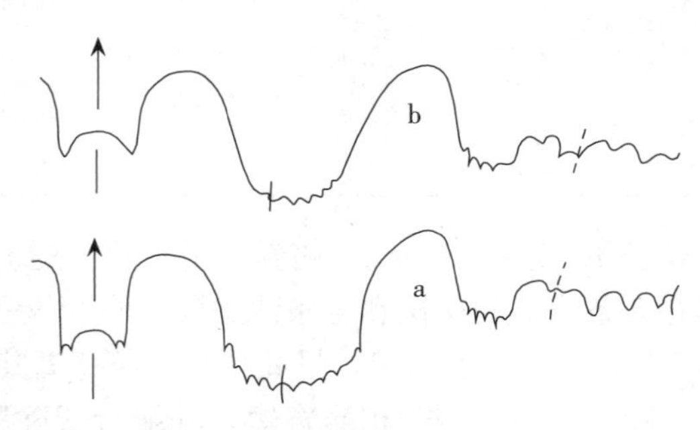

插图 45　三阳菊石属的缝合线

a. *Sanyangites liratus* Zheng et Ma，*H*＝13mm（54615）

b. *S. rotulus* Zheng et Ma，*H*＝9mm（54644）

描述 壳体中等大，近内卷，呈凸透镜状，壳体最大厚度位于脐缘处。腹部窄穹，具有较高且尖的腹中棱和较低钝的腹侧棱，腹侧缘呈棱状，棱与棱间有明显的腹沟。气室侧部外侧围有明显下凹，至住室侧部渐趋平，而在其内围出现一条明显的纵旋棱，将侧部分为两个微凹的部分。壳面饰有生长纹。脐缘较圆，微凸。

缝合线 为齿菊石式。腹叶被低的腹中鞍分为两个，后端具有2个小齿的腹支叶，侧叶相当宽，侧鞍较外鞍略高。第二脐叶窄，不及侧叶的一半。

比较 此种与 *S. lenticularis* 的区别，除侧部的纵旋棱较明显、脐部较大外，脐叶较窄，不及侧叶的一半。

产地和层位 江西宜春庐村；上二叠统乐平阶三阳亚阶上部。

轮状三阳菊石 *Sanyangites rotulus* Zheng et Ma，1982

（图版36，图9、10；插图45b）

材料 共有4块标本。壳体度量见表7-75。

表7-75 壳体度量

标本登记号	*D*	*H*	*W*	*U*	*H/D*	*W/D*	*U/D*
54644（Holotype）	33.0	16.2	14.0	8.2	0.49	0.42	0.25
54645（Paratype）	34.0	16.6	12.3	9.7	0.49	0.36	0.29
54646（Paratype）	62.9	32.4	23.6	15.2	0.52	0.38	0.24

描述 壳体中等大，近内卷，呈轮状。旋环厚度约为高度的2/3，横断面近长方形，两侧近平行。腹部窄穹，具有尖的腹中棱和弱的腹侧棱，腹侧缘呈棱状，棱与棱相间有浅腹沟。侧部较宽平，中围内侧具有一微弱的纵旋棱。壳面饰有生长纹。脐部宽约为壳径的1/3，脐壁低。住室的脐缘微凸。

缝合线 为齿菊石式。侧叶后端较窄，脐线外脐叶发育情况与 *S. liratus* 相类似。

注释 由于代表此种的标本仅保存最外旋环，对其幼年期的壳体特征无从知道，故暂置于 *Sanyangites* 属内。

产地和层位 江西宜春庐村；上二叠统乐平阶三阳亚阶上部。

环三阳菊石 *Sanyangites circellus* Zheng et Ma，1982

（图版36，图13～16）

材料 共有3块标本。壳体度量见表7-76。

表7-76 壳体度量

标本登记号	*D*	*H*	*W*	*U*	*H/D*	*W/D*	*U/D*
54639（Paratype）	59.7	28.7	22.0	13.5	0.48	0.37	0.23
54640（Paratype）	44.3	22.0	19.2	12.3	0.50	0.43	0.28
54641（Paratype）	53.3	26.8	19.6	12.1	0.50	0.37	0.23

描述 壳体中等大，内卷，呈轮状。旋环高度大于厚度，横断面近长方形。腹部较宽穹，具有三条明显的腹棱，腹侧缘呈棱状，棱与棱间有显著的腹沟，其中腹中棱两侧的凹沟较深且窄。侧部较宽平，中围具有一条十分显著的纵旋棱。将侧部分为两个明显下凹的部分。脐部较小，约占壳径的1/4，脐缘较凸。缝合线不详。

比较 此种侧部宽平，中围具有显著的纵旋棱，将侧部分为两个明显的凹下的部分，以上特征易于与 *S. umbilicatum* Zhao，Liang et Zheng 相区别。

产地和层位 江西宜春庐村；上二叠统乐平阶三阳亚阶上部。

三阳菊石（未定种）*Sanyangites* sp.

（图版 36，图 17、18）

材料 有 2 块标本。壳体度量见表 7-77。

表 7-77 壳体度量

标本登记号	*D*	*H*	*W*	*U*	*H/D*	*W/D*	*U/D*
54647 (Paratype)	56.0	26.0	—	19.0	0.46	—	0.34
54648 (Paratype)	73.0	33.0	—	22.0	0.45	—	0.30

描述 壳体较大，近内卷，呈厚轮状。腹部宽平，微穹，具有 3 条腹棱和 4 条腹沟，腹侧缘呈棱状。住室前部，腹棱和腹沟均变弱。侧部外围微凹；内围高斜，在住室前部出现一弱的纵旋棱。脐部较宽，约占壳径的 1/3。气室的脐缘较凸，至住室脐缘渐变低，脐壁陡。缝合线不详。

产地和层位 江西宜春庐村；上二叠统乐平阶三阳亚阶上部。

宜春菊石科 Yichunoceratidae Ma，2012

（插图 46）

描述 壳体中等大至特大，呈轮状、凸透镜状或飞碟状。内卷或近内卷，旋环断面呈盔状或三角形。腹部宽穹具有 3 条腹棱，棱间有浅沟或腹部屋脊形。或呈窄屋脊形。侧部外侧围微凹，内围特凸而外倾。脐缘不凸或微凸。缝合线侧叶和脐叶有齿，助线系有 1～4 个小叶，小叶下端具有 2～4 枚小齿。

讨论 本科包含 *Pseudotoceras djoulfense*（Abich），*Vedioceras ventroplanum* Ruzhencev，*Yichunoceras* Ma，*Yuanzhouceras* Ma，*Caohuilaceras* Ma，2012（插图 15d），共 5 属 10 种。与 Araxoceratidae 的区别，在于 Araxoceratidae 菊石的缝合线助线系部分不存在有齿的小叶，而 Yichunoceratidae 菊石的缝合线在助线系部分具有 1～4 个独立的小叶，小叶下端有 2～4 枚小齿，此为特征。它是由阿拉斯菊石科进化而来。

分布 中国华南，俄罗斯外高加索，墨西哥科阿韦拉州。

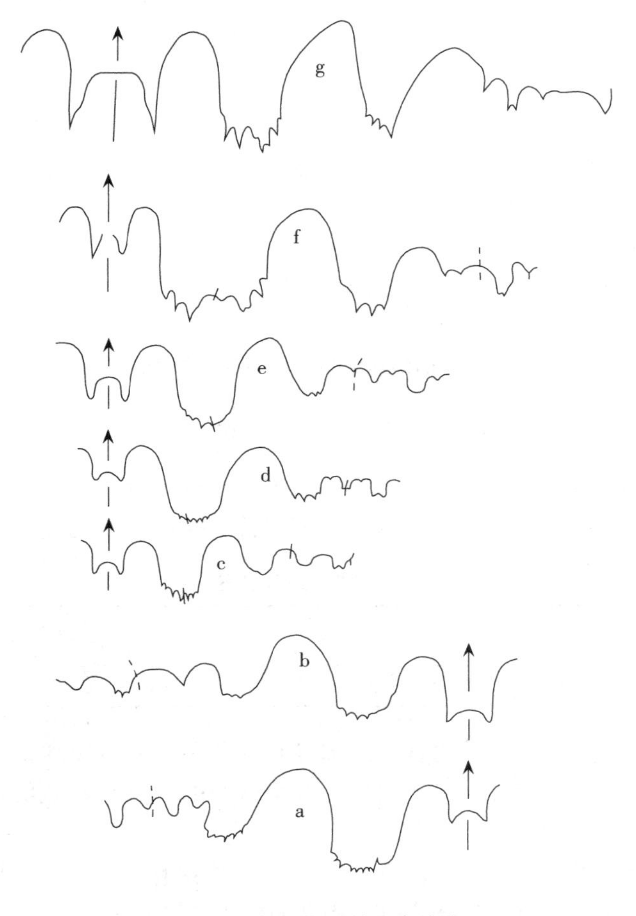

插图 46 宜春菊石科缝合线类型

a. *Yichunoceras. multilobatum* Ma，$D=25$mm（54624）

b. *Yuanzhouceras. shatangense* Ma，$H=12$mm（54608）

c. *Yi. lucunense* Ma，$H=13.5$mm（54642）

d. *Yi. serratum* Ma，$H=18.5$mm（54632）

e. *Yi. latiumbilicatum* Ma，$H=16.5$mm（54637）

f. *Vedioceras ventroplatum* Ruzhecev

g. *Pseudotoceras djoulfense*（Abich）

宜春菊石属 *Yichunoceras* Ma，2002

属型 *Yichunoceras serratum* Ma，2002

定义 壳体中等大，半内卷，呈轮状。旋环横断面呈长方形或盔状。腹部微穹，具有4条腹棱，腹侧缘呈棱状，棱间有4条沟。侧部微凹或气室外侧明显凹下；至住室侧部渐变平，而现出一弱的纵旋棱。脐宽占壳径的1/5～1/3。脐缘微凸或凸出呈高耳状，脐壁陡斜。

讨论 1982年，笔者和郑灼官在描述江西宜春庐村的菊石材料时，发现三阳菊石属和锦江菊石属壳形类同，缝合线又类同，当时分类处于犹豫状态，最后从直观易辨认角度出发，确定取壳形分类。1988年笔者又在晚二叠世早期的三阳亚阶顶部采获2块三阳菊石标本，回头细查以往所获叶部有齿的菊石标本，发现三阳亚阶中、下部所获叶部有齿的菊石标本中，无一例缝合线的助线系部分出现有齿的独立小叶。方知是未被认识的菊石新属，即宜春菊石属 *Yichunoceras* Ma，将原三阳菊石属中的 *Sanyangites serratus*、*S. lucunensis*、*S. multilobatus*、*S. latiumbilicatum* 归入 *Yichunoceras*。

分布和时代 中国华南、俄罗斯外高加索；晚二叠世早期。

多叶宜春菊石 *Yichunoceras multilobatum* Ma，2002

（图版35，图12；插图46a）

Sanyangites multilobatus，郑灼官、马俊文，1982，原刊286页，图版2中图12，插图3e。

材料 有两块压扁的标本，其中1块保存不完整。壳体度量见表7-78。

表7-78 壳体度量

标本登记号	*D*	*H*	*W*	*U*	*H/D*	*W/D*	*U/D*
54624（Holotype）	56.4	27.3	—	12.6	0.48	—	0.22

描述 壳体较大，近内卷，呈轮状。腹部具有3条明显的腹棱和4条腹沟，腹侧缘呈棱状。侧部宽，中围具有一纵旋棱，将侧部分为两个微凹的部分。脐宽约占壳径的1/5。脐缘微凸。

缝合线 为齿菊石式。腹叶宽短；侧叶较长，后端具有10～11个小齿；除脐叶外，外缝合线助线系部分具有4个窄短脐叶，且后端各具有2个小齿。

比较 此种脐线外具有不少于5个后端有齿的脐叶，是极为重要的特征。其壳体较大，侧部中围有一纵旋棱，将侧部分为两个微凹部分，与同属其他种易于区别。

产地和层位 江西宜春庐村；上二叠统乐平阶三阳阶上部。

庐村宜春菊石 *Yichunoceras lucunatum* Ma，2002

（图版36，图5、6；插图46c）

原名 *Sanyangites lucunensis*，1982，郑灼官、马俊文，原刊285页，图版3，图5、6插图4c。

材料 共有2块标本，其中一块为压扁的不完整标本。壳体度量见表7-79。

表7-79 壳体度量

标本登记号	*D*	*H*	*W*	*U*	*H/D*	*W/D*	*U/D*
54642（Holotype）	48.2	22.2	22.0	11.0	0.46	0.46	0.23

描述 壳体近内卷，呈轮状。旋环高度大于厚度，横断面呈高盔状。壳体最大厚度位于脐缘处。腹部微穹，具有3条腹棱，腹侧缘呈棱状，棱与棱相间有浅沟，其中腹中棱两侧的

浅沟较深。气室侧部外围明显凹下；至住室侧部渐变平，且在内围出现一很弱的纵旋棱。脐宽约占壳径的 1/4，脐缘微凸，脐壁陡斜。

缝合线 为齿菊石式。除脐叶外缝合线还发育有 2 个后端有 3～4 个小齿的小叶，脐鞍宽圆。外鞍和侧鞍近同等宽圆。

比较 此种壳形近似于 *Y. latiumbilicatum*。但后者脐缘更低，住室侧部较宽平，助线系部分仅有一个具齿的小叶。

产地和层位 江西宜春庐村；上二叠统乐平阶三阳亚阶下部。

锯齿宜春菊石 *Yichunoceras serratum* Ma，2002

（图版 36，图 1～4；插图 46d）

原名 *Sanyangites serratus*，郑灼官、马俊文，1982，原刊 285 页，图版 3，图 1～4；插图 4d. 1。

材料 共有 5 块标本，其中 3 块为压扁的不完整标本。壳体度量见表 7－80。

表 7－80 壳体度量

标本登记号	*D*	*H*	*W*	*U*	*H/D*	*W/D*	*U/D*
54632（Holotype）	51.7	24.7	—	14.0	0.48	—	0.27
54633（Paratype）	41.2	18.0	20.5	12.0	0.44	0.50	0.29

描述 壳体中等大，半内卷，呈轮状。旋环高度大于厚度，横断面近长方形。腹部中等宽，微穹，具有 3 条腹棱，腹侧缘呈棱状。棱与棱相间有浅的腹沟。侧部外围凹下，内围具有 1 条不明显的纵旋棱。脐缘微凸，脐壁斜。

缝合线 与 *Y. lucunatum* 相近似，但外鞍较窄，侧叶较宽，脐鞍的鞍顶分裂出简单的小叶。

比较 此种与 *Y. multilobatum* 的区别，在于其缝合线较后者简单些，外缝合线的每个脐鞍顶部规则地发育 1 个简单的小叶。

产地和层位 江西宜春庐村；上二叠统乐平阶三阳亚阶上部。

宽脐宜春菊石 *Yichunoceras latiumbilicatum* Ma，2002

（图版 36，图 7、8；插图 46e）

原名 *Sanyangites latiumbilicatum*，郑灼官、马俊文，1982，原刊 287 页，图版 3，图 7、8；插图 4e。

材料 仅有一块标本。壳体度量见表 7－81。

表 7－81 壳体度量

标本登记号	*D*	*H*	*W*	*U*	*H/D*	*W/D*	*U/D*
54637（Holotype）	38.4	17.5	28.0	15.0	0.46	0.73	0.39

描述 壳体近内卷，呈厚轮状。旋环横断面呈低盔状。腹部宽平，微穹，具有 3 条腹棱及 4 条腹沟，腹侧缘呈棱状。侧部较窄，外围明显凹下。脐部较宽，约占壳径的 2/5；脐缘很凸，呈高耳状；脐壁高且陡斜。

缝合线 为齿菊石式。侧叶较长，助线系尚具 2 个窄短的脐叶，脐鞍顶部发育 1 小叶。腹中鞍较高。

比较 此种以侧部窄及外侧围显著凹下，脐缘高凸，脐部较宽，以及缝合线更复杂而不同于 *Sanyangites obesus*。

产地和层位 江西宜春庐村；上二叠统乐平阶三阳亚阶下部。

低脐宜春菊石 *Yichunoceras umbilicatum* Ma，2002

（图版 33，图 28、29；插图 47a）

材料 仅有 1 块标本，侧部、部分腹部较完好。壳体度量见表 7-82。

表 7-82 壳体度量

标本登记号	*D*	*H*	*W*	*U*	*H/D*	*W/D*	*U/D*
85210（Holotype）	41.0	20.0	—	8.5	0.49	—	0.21

描述 壳体中等大，壳径 41.0mm，近内卷，呈轮状。旋环高度大于厚度，横断面近长方形。腹部窄穹，具有 3 条腹棱，腹侧缘呈棱状，棱间有 4 条浅沟。侧部较宽，外侧围微凹。脐部小，约占壳径的 1/5；脐缘微凸，脐壁低且陡斜。

缝合线 腹叶较短二分叉；侧叶宽短，后端有 7 个齿；脐叶较宽短，后端 4 个齿；脐接线外助线系部分，有具有 3 个小齿的 2 个小叶。

比较 此种与 *Y. robesum* 的缝合线近似。但前者助线系具有 3 个小齿的 2 个独立小叶。易于区别。

产地和层位 江西宜春庐村；上二叠统乐平阶三阳亚阶上部。

轮状宜春菊石 *Yichunoceras rotule* Ma，2002

（图版 33，图 27；插图 47b）

材料 仅有 1 块被损标本。壳体度量见表 7-83。

表 7-83 壳体度量

标本登记号	*D*	*H*	*W*	*U*	*H/D*	*W/D*	*U/D*
85209（Holotype）	30.0	12.5	—	11.0	0.40	—	0.32

描述 壳体中等大，壳径 31mm，半内卷，呈轮状。旋环横断面呈盔状。腹部具有 3 条腹棱，腹侧缘呈棱状，棱与棱间有 4 条浅沟。侧部外侧围微凹。脐部较宽，约占壳径的 1/3；脐缘外凸呈耳状。

缝合线 腹叶窄长二分叉；侧叶较长，后端具有 7 个齿；脐叶宽短，后端有 4 个齿；助线系分化出 1 个具有 2 个齿的小叶。

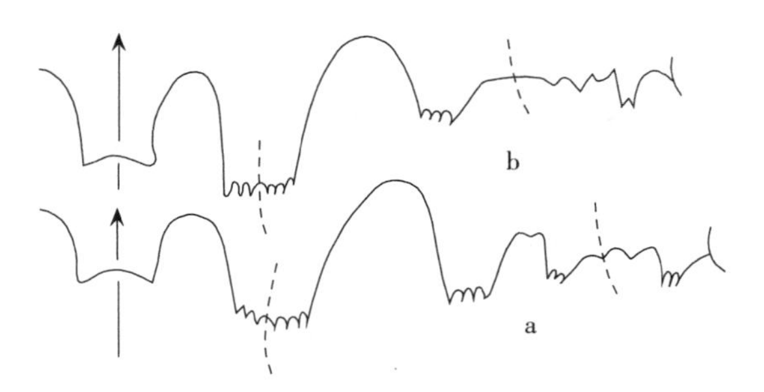

插图 47　低脐宜春菊石和轮状宜春菊石的缝合线

a. *Yichunoceras umbilicatum*，D=39mm（85210）

b. *Y. rotule*，D=13mm（85209）

比较　此种与 *Y. latiumbilicatum* 的缝合线基本相似，但前者脐部偏小，助线系分化出的小叶，下端齿数少。易于区别。

产地和层位　江西宜春庐村；上二叠统乐平阶三阳亚阶下部。

袁州菊石属 *Yuanzhouceras* Ma，2012

属型　*Yuanzhouceras shatangense* Ma，2012

定义　壳体内卷。旋环高度大于厚度，横断面呈高盔状。腹部窄穹，具有高且尖的腹中棱及低弱的腹侧棱，腹侧缘呈棱状，棱与棱间有浅的腹沟。侧部较宽平，侧部中围具有弱的纵旋棱。脐部较小，脐缘较圆。缝合线侧叶和脐叶有齿，助线系出现 2 个有齿的小叶。

讨论　当前标本与 *Jinjiangoceras* 的壳形极为相似。但前者的缝合线在助线系部分出现 2 个有齿的独立小叶，为宜春菊石科中最进化的一类菊石属，二者易于区别。

分布和时代　中国、俄罗斯和墨西哥；晚二叠世早期。

沙塘袁州菊石 *Yuanzhouceras shatangense* Ma，2012

（图版 34，图 10～16；插图 45b）

Jinjiangoceras stenosellatum（Chao et Liang）(part)，赵金科等，1978，原刊 102 页，图版 7 图 7，8。

Jinjiangoceras shatangense，郑灼官，马俊文，1982，古生物学报，第 21 卷，第 3 期，280～298 页。

材料　共有三块标本，其中两块完好。壳体度量见表 7-84。

表 7-84　壳体度量

标本登记号	D	H	W	U	H/D	W/D	U/D
54608（Holotype）	40.0	20.0	17.5	10.0	0.50	0.44	0.25
54609（Paratype）	31.0	16.2	11.5	7.8	0.52	0.37	0.25
54610（Paratype）	27.0	13.5	—	7.2	—	—	0.27

描述　壳体内卷。旋环高度大于厚度，横断面呈高盔状。未成年期，旋环两侧强烈扁缩，近于平行。腹部窄穹，具有高且尖的腹中棱及低弱的腹侧棱，腹侧缘呈棱状，棱与棱间

有浅的腹沟。侧部较宽平，自气室前部的侧中围出现一弱的纵旋棱，至住室渐趋明显。脐部约占壳径的 1/4，脐缘较圆。

缝合线 腹叶窄长，下端二分；侧叶宽且短，后端具有 8 个以上小齿；脐叶短，后端有3～4个弱齿；助线系部分出现两个小叶，其叶部后端各有 3 个小齿。

产地和层位 江西宜春庐村；上二叠统乐平阶三阳亚阶上部。

考会拉菊石属* *Caohuilaceras* Ma，2012.

属型 *Caohuilaceras latiumbilicatum* Ma，2012。

定义 壳体较小，半外卷，呈盘状。腹部呈屋脊状。旋环高度大于厚度，横断面近长方形。脐部较宽微凸。缝合线侧叶和脐叶后端有齿，助线系部分又出现有齿的独立小叶。

讨论 Spinosa et al.（1970）734 页图 3，为 *Eoaraoceras ruzhencevi* 的 4 条缝合线，但这 4 条缝合线并不符合 *Eoaracoceras ruzhencevi* 菊石的特征，其中 A、B、C 三条为侧叶和脐叶均无齿，应该属安德生菊石科 Anderssonoceratidae 中的 *Kingoceras kingi*，该图中的缝合线 D（SUI31949）不仅侧叶和脐叶有齿，它的助线系部分也出现有齿的独立小叶，属于宜春菊石科 Yichunoceratidae Ma 中的考会拉菊石属 *Caohuilaceras* Ma，2012。

分布和时代 墨西哥；晚二叠世早期。

宽脐考会拉菊石 *Caohuilaceras latiumbilicatum* Ma，2012.

（插图 15d）

Claude Spinosa，W. M. Furnish，and B. F. Glenister，1970. Araxocerastidae，Upper Permian Ammonoids from the Western Hemisphere. Reprinted from Journal of Paleontology Vol. 44，July，Text-fig. 3 D，entire structure based on a paratype（SUI 31949）at 20. 8 mm diameter.

描述 壳体较小，半外卷，呈盘状。腹部呈屋脊状。腹侧缘宽圆。侧部微凹。旋环高度大于厚度，横断面近长方形。脐部较宽，脐缘圆且微凸。缝合线腹叶较窄长，下端浅二分；侧叶窄长，后端有 6 个小齿；脐叶短小，后端有 4 个小齿；助线系部分有一个具有 2 个小齿的小叶。外鞍较侧鞍宽且低，鞍顶均圆。

产地和层位 墨西哥科阿韦拉州；晚二叠世早期科罗拉达层。

---

* 作者在本书第一版中将“考会拉菊石属”命名为 *Caohuilaceras*（当时按照拼音命名的），该属最早发现于墨西哥科阿韦拉州（Coahuila）。虽然是笔误，但按照古生物命名惯例，不再改动其属名。

八、参考文献

达维塔什维里，1957. 古生物学教程-下卷，第二分册-古生物学中最重要的几个问题．周明镇，孙爱璘译．北京：地质出版社．

邓巴，罗杰斯，1974. 地层学原理．杨遵仪，徐桂荣译，北京：地质出版社．

劳普，斯坦利，1978. 古生物学原理（中译本）．北京：地质出版社．

梁希洛，1981. 甘肃西北部及内蒙古西部早二叠世头足类．古生物学报，20（6）．

梁希洛，1982. 吉林及内蒙古一些早二叠世菊石．古生物学报，21（6）．

梁希洛，1983. 二叠纪菊石的新材料．古生物学报，22（6）．

鲁欣，1963. 普通古地理学原理，下册．张智仁，周裕藩详．北京：中国工业出版社．

马俊文，1977. “东南运动”之疑．地质科技（4）．

马俊文，1977. 江西省龙潭组地层问题//南方含煤地层论文汇编．北京：煤炭工业出版社．

马俊文，1977. 江西省晚二叠世入字型构造体系控制成煤的初步认识．煤田地质与勘探（5）．

马俊文，1995. 安德生菊石科的新材料．江西地质科技，22（3）．

马俊文，1995. 江西安福一些晚二叠世早期菊石．江西地质科技，22（2）．

马俊文，1996. 江西上饶二叠纪环叶科的新材料．江西地质科技，23（3）．

马俊文，1997. 赣中晚二叠世早期鹦鹉螺．江西地质，11（1）．

马俊文，2002. 阿拉斯菊石群的新材料．煤田地质与勘探，30（1）．

马俊文，2002. 江西乐平煤系外胄菊石科的新发现．煤田地质与勘探，30（3）．

马俊文，2012. 江西二叠纪含煤地层头足类．北京：中国农业出版社．

马俊文，李富玉，1997. 寿昌菊石科的新材料．江西地质科技，24（3）．

马俊文，李富玉，1998. 腹菊石超科（Gastriocerataceae）一新科．江西地质，12（2）．

孟逢源，潘昭世，林甲兴，1980. 湖南南部二叠系划分并论斗岭煤系的时代问题．地质论评，26（3）．

徐光洪，1977. 中南地区古生物图谱，头足纲．北京：地质出版社．

赵金科，1966. 中国南部二叠系菊石层．地层学杂志，1（2）．

赵金科，梁希洛，郑灼官．中国古生物志-总号第 154 册，新乙种第 12 号-华南晚二叠世头足类．北京：科学出版社，1978.

赵金科，梁希洛，邹西平，等，1965. 中国的头足类化石．北京：科学出版社．

赵金科，郑灼官，1977. 浙西、赣东北早二叠世晚期菊石．古生物学报，16（2）．

郑灼官，1984. 贵州西部晚二叠世鹦鹉螺．古生物学报，23（2）．

郑灼官，1984. 湖南、广东一些二叠纪菊石．古生物学报，23（2）．

郑灼官，马俊文，1982. 江西宜春晚二叠世早期菊石．古生物学报，21（3）．

周祖仁，1985. 二叠纪菊石的两种生态类型．中国科学（B 辑）（7）．

周祖仁，1987. 湘东南早二叠世菊石动物群//中国科学院南京地质古生物研究所研究生论文集（第 1 号）．南京：江苏科学技术出版社．

Bando Y，1930. On the otoceratacean ammonoids in the centrol Tethys，with a note on their evolution and migration. Ibid.，30（1）：23 - 49.

Bando Y，1979. Upper Permian and lower Triassic ammonoids from Abadeh，Central Iran. Mbm. Fac. Iduc.，

Kagawa Univ. , pt, 2, 29 (2): 103 - 138.

Ehiro M, 1987. Permian ammonoids of the Southern Kitekami Massif, Northeast Japan. Jour. , Geol. Soc. Japan. , 39 (11): 823 - 882.

Frest T J , Glenister B F, Furnish W M, 1981. Pennsylvanian Cheilocean Ammonoids Maximitidae and Pseudohaloritidae. Jour. Paleont. , 55 (3): 1 - 43.

Furnish W M, 1966. Ammonoids of the upper Permian Cyclolobus zine. Neues Jahrb. Geol. Falaeont. Abh. , 125: 265 - 296.

Furnish W M, Glenister B F, 1970. Permian ammonoids Cyclolobus from the Salt Range, Pakisten, in Kummei B and Teichert C (Editor), Stratigraphic boundary problems: Permian and Triassis of Pakis tan. Kansas Univ. , Geol. Depe. , Sper. Publ. , 4: 153 - 175.

Glenister B F, Nassichuk W W, Furnish W M, 1979. Ammonoid successions in the Permian of China Geol. Mag. , 116 (3): 231 - 239.

Glenister B F, Furnish W M, 1961. The Permian Ammonoids of Australia. Jour. Paleont. , 35 (4): 673 - 735.

King R E, 1944. In geology and paleontology of the Permian area Northwest of Las Delicias, Southwestern Coahuila, Mexico. Soc. Amer. , Spec. , 52.

Mikesh D L, Glenister B F, Furnish W M, 1988. *Stenolobulites* n. gen. , early Permian ancestor of predominantly Late Permian Paragastrioceratidae subfamily Pseudogastrioceratinae. The University of Kansas Paleontological Contributions, paper 123.

Miller A K, 1944. Permian cephalopods. In geology and paleontology of the Permian Area Northwest of Las Delicias, Southwestern Coahuila, Mexico. Soc. Amer. , Spec. , 52.

Miller A K, Furnish W M, 1940. Cyclolobus from the Permian. Medd. Gronland, 112.

Nassichuk W W, 1970. Permian ammonoids from Devon and Melville Island, Canadian Arctic Archipelago. Jour. Paleont. , 44 (1): 77 - 97.

Nassichuk W W, 1971. Permian ammonoids and nautiloids, southeastern plain, Yukon Territory. Ibid. , 45 (6): 1001 - 1021.

Nassichuk W W, 1977. Upper Permian ammonoids from the Cache Croup in Western Canada. Ibid. , 51 (3) .

Ruzhencev V E, 1959. Classification of the superfamily Otocerataceae. Paleont. Zhurnal, 2: 56 - 67.

Ruzhencev V E, 1962. Classification of the family Araxoceratidae. Paleont. Zhurnal, 4: 88 - 104.

Ruzhencev V E, 1963. New data about the family Araxoceratidae. Paleont. Zhurnal, 3: 56 - 64.

Spinosa C, Furnish W M, Glenister B F, 1975. The Xenodscidae, Permian ceratitoid ammonoids. J. Paleont. , 49 (2): 239 - 281.

Spinosa C, Furnish W M, Glenister B F, 1970. Araxoceratidae, upper Permian ammonoids from the western Hemisthere. Jour. Paleont. , 44 (4): 730 - 736.

Waterhouse J B, 1972. The evolution correlation, and palaeogeographic significance of the Permian ammonoids family Cyclolobidae Zittel. Lethaia, 5: 251 - 270.

Zuren Zhou, 2007. Bizarre Permian ammonoid subfamily Aulagastrioceratinae from Southeast China. J. Paleont. , 81 (4): 797 - 799.

九、头足类化石在地层中的分布

上二叠统乐平阶三阳亚阶

Anderssonoceras compressum （56页；图版6，图9～14、图18～22）
A. plicatum （55页；图版6，图15～17）
A. robustum （54页；图版6，图1～8）
Araxoceras kiangxiense （74页；图版8，图19～21）
Beihuashanoceras robustum （72页；图版8，图13～18；图版30，图2）
Caohuilaceras latiumbilicatum （94页）
Carinoceras latilobatum （76页；图版11，图13～21；图版8，图1～12）
C. latiumbilicatum （75页；图版11，图1～12；图版33，图18～26）
C. orbilobatum （77页；图版10，图18～20）
C. venustum （77页；图版10，图15～17）
Coloradaceras kingi （73页）
C. mexicoense （74页）
Domatoceras inflatum （25页；图版37，图14～16）
D. jiangxiense （25页；图版37，图11～13）
Eulomacoeras robustum （25页；图版37，图9、10）
Fengtianoceras acutum （62页；图版31，图11～17）
F. costatum （61页；图版31，图1～10）
F. discum （64页；图版31，图25～31）
F. lenticulare （63页；图版31，图18～24）
F. orbilobatum （64页；图版32，图1～9）
Gangqiaoceras jiangxiense （27页；图版12，图1～3、7）
G. sp. （27页；图版12，图7）
Huanghoceras jiangxiense （23页；图版38，图14～16）
Huaqiaoceras jiangxiense （68页；图版33，图1～3）
H. latilobatum （69页；图版33，图4～6）
Jianoceras perornatum （26页；图版38，图13）
Jinjiangoceras compressum （80页；图版34，图5～9）
J. dilentiformis （82页；图版10，图21～23）
J. jiangxiense （80页；图版34，图17～21）
J. striatum （79页；图版34，图1～4）

Xiangulingites longilobtus (56页；图版7，图1～6、图10～18)
Xiangzeceras bellum (70页；图版33，图7～9)
Xinjiangoceras huangkengense (30页；图版21，图10)
Yalingites hoplolobatum (78页；图版33，图10～12)
Y. mirabilis (79页；图版33，图13～17)
Yantianoceras inflatum (60页；图版30，图4)
Y. stenoense (59页；图版30；图5)
Yichunoceras latiumbilicatum (91页；图版36，图7、8)
Y. lucunatum (90页；图版36，图5、6)
Y. multilobatum (90页；图版35，图12)
Y. rotule (92页；图版33，图27)
Y. serratum (91页；图版36，图1～4)
Y. umbilicatum (92页；图版33，图28、29)
Yuanzhouceras shatangense (93页；图版34，图10～16)
Zhujiangoceras discus (53页；图版5，图21～26)
Z. involutum (53页；图版5，图27～32)

下二叠统上饶阶湖塘亚阶

Daubichites discus (36页；图版3，图7～11)
Elephantoceras acroconicum (33页；图版21，图9)
E. lenticonicum (33页；图版21，图8)
Erinoceras yanshanense (32页；图版21，图1～5)
Metalegoceras jiangxiense (42页；图版3，图16、17；图版30，图6)
Nodogastrioceras cyclocostatum (40页；图版23，图1～3)
N. discum (38页；图版22，图1～5)
N. gigantum (39页；图版22，图6～10)
N. regulare (40页；图版24，图4)
Ototongluceras caijiaense (45页；图版26，图1、3)
Paraceltites elegans (45页；图版3，图18～21)
Paratongluceras jiangxiense (45页；图版27，图2、4)
Shangraoceras attenuatum
(31页；图版18，图1～4；图版19，图1～3；图版20，图1～4)
S. robustum (30页；图版12，图4～6；图版13，图1～7；图版14，图1～4)
S. tenuicostatum (31页；图版15，图1～4；图版16，图1～4；图版17，图1～3)
Stenolobolites tumitus (37页；图版3，图12～15；图版28，图1～4)
Tongluceras gigantum (43页；图版25，图1、2)
T. shangraoense (44页；图版27，图1)
Xinjiangoceras huangkengense (32页；图版21，图10)

十、拉丁文种名索引

英 文 摘 要

Cephalopods of Middle Permian in Jiangxi

——Discuss the Seesaw Movement in the Middle Permian Crust

Junwen Ma

Abstract

Study found that ammonoids includes 4 orders, 7 superfamilies, 11 families, among which 1 superfamily, 3 families, 24 genera and 90 species were setup by author. Moreover 6 new ammonoids zones were set-up.

Table 1 Permian Coal-bearing Strata ammonoids zones in Jiangxi

Era	Stratigraphic system		Alternating facies of sea and land		Continental facies
Middle Permian	Leping stage	Sanyang substage	Upper (Wangpanli member and Shizishan member)	Yichunoceratidae zone	Wulinshan group
			Middle (Shanglaoshan member)	*Konglingites* zone	
			Lower (Zhonglaoshan member)	Huaqiaoceratidae zone	
				Anderssonoceratidae zone	
	Shangrao stage	Hutang substage	Upper (Pengjia member)	Continental coal bearing strata	Guanshan group
				Aulacogastrioceras zone	
				Shangraoceras zone	
				Ototongluceras zone	
			Middle (Raojia member)	*Chekiangoceras* zone	
			Lower (Hutang member)	*Nodogastrioceras* zone	

Systematic description of new taxa are given as follows:

1. Ceratitaceae Ma (sup. nov.)

Diagnosis: This ammonoides superfamily exists and evolves in Early Upper-Permian of Jiangxi. The ammonoids fossils are extremely abundant in Sanyang supstage. There are four ammonoids families in the superfamily. The suture line of ammonoids is the original, type family namely the Anderssonoceratidae Ruzhencev, 1959, which has no serrate in the lobes. The upward suture line of ammonoids is the relatively evolved, type familynamely the Huaqiaoceratidae Ma, 2002, which has serrate in the lateral lobe. The next upward suture line of ammonoids is the evolved type family, namely the Araxoceratidae Ruzhencev, 1959, which has serrate not only in the lateral lobe but also in the umbilical lobe. And the suture line of ammonoids on the top is the most evolved, type family the Yichunoceratidae Ma, 2012. , which has serrate small lobe in the auxiliary line besides having serrate in the lateral lobe as well as the umbilical lobe.

Such evolution of ammonoids presents the evolved sequence of pedigree which has the characteristic of consanguinity. It is by polymerizing the four ammonoids families that the ammonoids superfamily namely the Ceratitaceae Ma, sup. nov. can be formed. This ammonoids superfamily takes its source in Jiangxi of South China and it can also be seen in other places such as the Middle East and North America.

2. Huaqiaoceratidae Ma, 2002

Diagnosis: Shell small to moderately large, moderately evolute or moderately involute, thinly lenticular in shape. Venter narrow with aneacute keel at its middle part. Umbilical shoulder with prominence ear-like rim. Suture line ceratitic; ventral lobe with two or three short prongs, lateral lobe with denticulations at posterior end, umbilical lobes no denticulations at posticulations at posterior.

3. Yichunoceratidae Ma, 2012

Diagnosis: Shell moderately large or large, more or less evolute discoidal with tricarinate or lens shaped. Whorl section varying from helment-shaped, rectangular or trilateral-shaped. Suture line has serrate on lateral lobe and umbilical lobe, great is which has small serrate lobe in the auxiliary line besides having serrate.

4. Nodogastrioceratidae Ma et Li, fam. nov, 1998

Diagnosis: Conch convolute to evolute, discoidal or lenticular in shape. Surface marked by apparent striations showing the characteristic sculpture with nodes or node-like ribe on the lateral sides. Suture goniatitic, with elght lones; sutural formula at largest size (V_1V_1) LUI: D.

5. *Yichunoceras* Ma, 2002

Type species: *Yichunoceras serratum* Ma, 2002

Diagnosis: Conch moderately large, moderately involute, wheel-like in shape; higher than Wide; whorl section rectangular. Venter alightly arched with three carinae separated by two shallow geooves lateral sides concave. Umbilical shoulder with slightly peominent rim. Suture line ceratitic, auxiliary with 1-4 auxitiary lobes and by 2-4 dentioulations at Posterior.

6. *Huaqiaoceras* Ma, 2002

Type species: *Huaqiaoceras jiangxiense* Ma, 2002

Diagnosis: Shell moderately large, moderately involute, thin and lenticular in shape. Whorl section rectangular or wide spear-like in outline. Venter narrow with acute edgeshaped or a prominent keel in the middle. Lateral sides moderately wide and slightly concave. Surgace ornamented with wrinkles on the lateral sides and some striations on the venter. Umbilicus moderately wide bordered by slightly convex and steep wall. Suture line ceratitic; lateral lobe with weak denticulations at posterior end; umbilical lobes without denticulations at posterior end.

7. *Xiangzeceras* Ma, 2002

Type specoes: *Xiangzeceras bellum* Ma, 2002

Diagnosis: Conch small, convolute and lenticular in shape. Whorl section rectangular in outline, higher than wide. Venter narrow with on acute keel at its middle part and two grooves aside. Lateral sidesslightly concave, ornamented by short ribs and faint folds on the outer whors; umbilical shoulder marked by nodes or shart ribe on the early whorls. Umbilicus moderately with bordered by slightly convex and steep wall. External suture formed of a tripartite off-center ventral lobe, and 3-4 denticulations onlateral lobe, but umbilical lobes without denticulations.

8. *Lulingites* Ma, 1995

Type species: *Lulingites jianense* Ma, 1995

Diagnosis: Shell rather small, moderately involute, wheel-likeorthickly discoidal; venter narrowly arched and acute edge-shaped. Whorl section from rectangular on the early whorls becoming gradually to triangular or helnetlike on the outhe whorls. Iateral sides paralled or slightly concave. Venter ornamented by weak striations and sides ornamented with wrinkles. Umbilical shoulder markrd by nodes or short ribs on the early whorls. Umbilicus moderately wide. Umbilical shoulder gently convex from plane on the early whorls becoming gradually to prominent ear-like rim on the outer whorls. Suture line goniatitic.

9. *Fengtianoceras* Ma, 1995

Type species: *Fengtianoceras costatum* Ma, 1995

Diagnosis: Conch small, moderately involute, lenticular or thin and wheel-like in shape. whorl section rectangular or spear-like, higher than wide. Venter narrowly arched with a prominent keel at the middle part and two grooves aside; some with venter acute edge-shapod. Lateral sides flat to slightly concave. Umbilical shoulder marked by stout nodes on the early whorls, ornamented by stout and short ribs on the outer whorls. Umbilicus moderately to fairly wude, bordered by slightly high and moderately steep walls. Suture line goniatitic.

10. *Gangqiaoceras* Ma, 2002

Type species: *Gangqiaoceras jiangxiense* Ma, 2002

Diagnosis: Shell small, incolute, thin and lenticular in shape, with narrow and depressed venter. Whorl section rectangular, sides wide and gently convex. Surface smooth. Umbilicus small with low wall and round rim. External suture formed of a rather long and narrow, and a tripartite off-center, and of 3 adventitious denticulations on outer saddle at either side and 5 bifid lateral lobes on either side, and 4 small umbilicallobes on umbilical wall.

11. *Pingdugastrioceras* Ma, 2002

Type species: *Pingdugastrioceras tenium* Ma, 2002

Diagnosis: Shell involute, lenticular in shape. Venter broadly arched or acute edge-shaped. Lateral sides wude and gently convex. Surface ornamented with fine striations. Umbilicus small, Suture line goniatitic.

12. *Ototongluceras* Ma, 1996

Type species: *Ototongluceras caijiaense* Ma, 1996

Diagnosis: Shell subglobose in shape, involute. Umbilicus narrow with prominentear-like rims. External suture formed by rather broad bifid ventral lobe and 4 lateral lobes on either side, lateral lobes with 5 denticulations at posterior end.

13. *Xinjingoceras* Ma et Li, 1997

Type species: *Xinjiangoceras huangkengense* Ma et Li, 1997

Diagnosis: Conch involute, subglobose with broadly arched venter. Whorl section cresent in outline. Surface marked by growth-lines and striations. Peristome with a prominent constriction near periphery, peristome produced into a single venter-embarrass by tongue-shaped wich extends forward for about one-quarter whorl beyond rest of peristome.

Suture consists of slightly narrow ventral and lateral lobes, and with saddles.

14. *Nodogastrioceras* Ma et Li, 1998

Type species: *Nodogastrioceras discum* Ma et Li, 1998

Diagnosis: Conch small to moderately large, to moderately large, convolute to evolute, discoidal or lenticular in shape. Surface marked by weak growth lines and apparent striagations, umbilical ridge with fine ribs or nodes on the early whorls, sides ornamented.

With nodes or node-like ribs on the outer whorls. Suture line goniatitic, with low ventral saddle, without saddle by nrrow and high.

15. *Yongpingoceras* Ma et Li, 1998

Type species: *Yongpingoceras yongpingense* Ma et Li, 1998

Diagnosis: Conch moderately involute to evolute, discoidal to lenticular in shape. Surface marked by conspicuous striations with the ribs and the prominent long-nodes on the lateral, suture goniatitic, marked a bifid ventral lobe, with very high ventral saddle.

图版及其说明

（图版内各图均未加任何润饰，登记号5字头标本保存在中国科学院南京地质古生物研究所，登记号8字头标本保存在江苏大学）

图 版 1 说 明

图 1～6　江南新缓菊石 *Neoaganides jiangnanensis* Ma，2012

1. 侧视；2. 前视；3. 腹视；×4。登记号：85011；正型。产地江西安福观溪；层位上二叠统乐平阶三阳亚阶下部。

4. 侧视；5. 腹视；6. 前视；×4。登记号：85012；副型。产地、层位同上。

图 7～12　江西新缓菊石 *Neoaganides jiangxiensis* Ma，2012

7. 侧视；8. 前视；9. 腹视；×4。登记号：85014；正型。产地、层位同上。

10. 侧视；11. 前视；12. 腹视；×4。登记号：85015；副型。产地、层位同上。

图 13～28　安福网纹腹菊石 *Retiogastrioceras anfuense* Ma，2012

13. 侧视；14. 前视；15. 腹视；×1.5。登记号：85018；正型。产地江西安福北华山；层位上二叠统乐平阶三阳亚阶下部。

16. 侧视；17. 前视；18. 腹视；×1.5。登记号：85019；副型。产地、层位同上。

19. 侧视；20. 前视；21. 腹视；×1.5。登记号：85020；副型。产地、层位同上。

22. 侧视；23. 前视；24. 腹视；×1.5。登记号：85024；副型。产地、层位同上。

25. 侧视；26. 腹视；27. 前视；×1.5。登记号：85026；副型。产地、层位同上。

28. 侧视；×1.5。登记号：85022；副型。产地、层位同上。

图　版　1

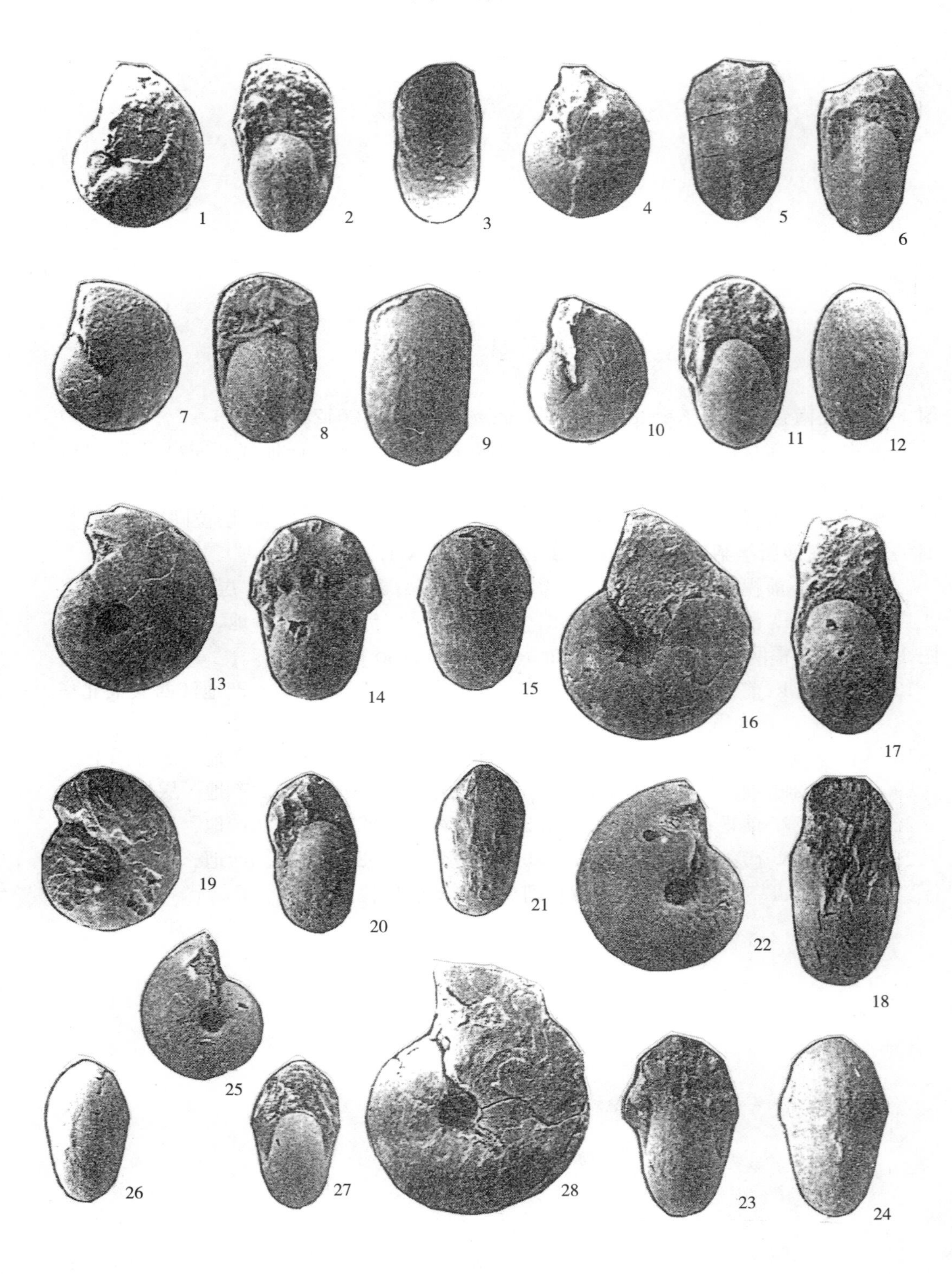

图 版 2 说 明

图 1～21　安福平都腹菊石 *Pingdugastrioceras anfuense* Ma，2012

1. 侧视；2. 前视；3. 腹视；×1。登记号：85032；正型。产地、层位同上。

4. 侧视；5. 前视；6. 腹视；×1。登记号：85033；副型。产地、层位同上。

7. 侧视；8. 前视；9. 腹视；×1。登记号：85034；副型。产地、层位同上。

10. 侧视；11. 腹视；12. 前视；×1.5。登记号：85021；副型。产地、层位同上。

13. 侧视；14. 前视；15. 腹视；×1。登记号：85035；副型。产地、层位同上。

16. 侧视；17. 前视；18. 腹视；×1.5。登记号：85027；副型。产地、层位同上。

19. 侧视；20. 前视；21. 腹视；×1.5。登记号：85026；副型。产地、层位同上。

图 22～27　薄体平都腹菊石 *Pingdugastrioceras tenium* Ma，2012

22. 前视；23. 腹视；24. 侧视；×1。登记号：85028；正型。产地、层位同上。

25. 侧视；26. 前视；27. 腹视；×1。登记号：85031；副型。产地、层位同上。

图 版 2

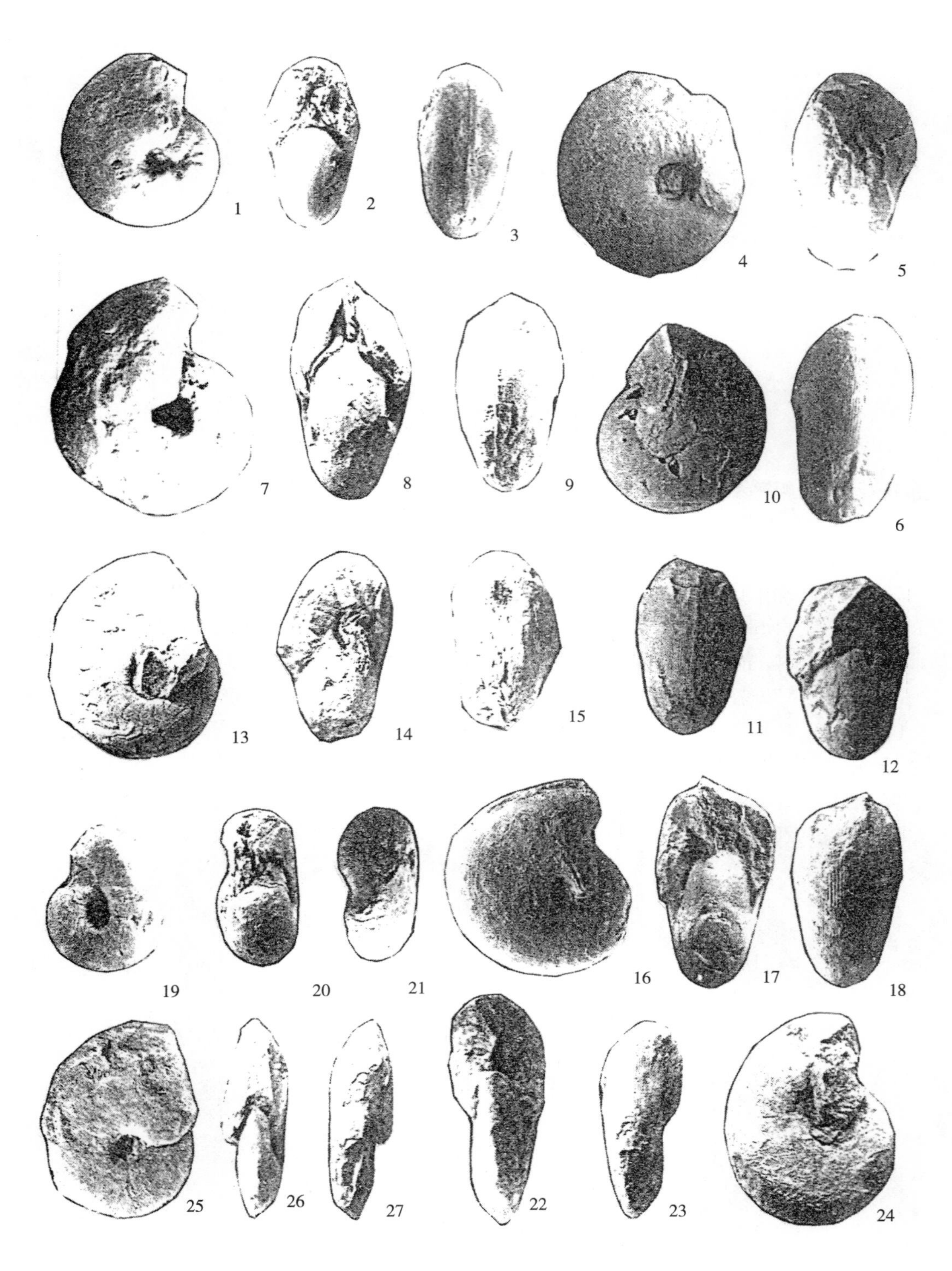

图版 3 说明

图 1～6　薄体平都腹菊石 *Pingdugastrioceras tenium* Ma，2012

1. 侧视；2. 前视；3. 腹视；×1。登记号：85029；副型。产地、层位同上。

4. 侧视；5. 腹视；6. 前视；×1。登记号：85030；副型。产地、层位同上。

图 7～11　盘状道比赫菊石 *Daubichites discus* Ma，2012

7. 侧视；8. 前视；9. 腹视；×1。登记号：87035；正型。产地江西上饶田墩黄坑；层位下二叠统上饶阶湖塘亚阶上部。

10. 侧视；11. 腹视；×1。登记号：87036；副型。产地、层位同上。

图 12～15　肥厚窄叶菊石 *Stenolobulites tumitus* Ma，2012

12. 前视；13. 侧视；×2。登记号：87038；副型。产地江西铅山永平安洲；层位下二叠统上饶阶湖塘亚阶下部。

14. 侧视；15. 前视；×2.5。登记号：87037；正型。产地、层位同上。

图 16、17　江西伴卧菊石 *Metalegoceras jiangxiense* Ma，2012

16. 侧视；17. 腹视；×1。登记号：87078；正型。产地江西上饶黄坑；层位下二叠统上饶阶湖塘亚阶上部。

图 18～21　美丽副色尔特菊石 *Paraceltites elegans* Girty，1908

18. 侧视；×1。登记号：87101。产地江西上饶四十八都蔡家湾；层位同上。

19. 侧视；×1。登记号：87102。产地江西上饶田墩黄坑；层位同上。

20. 侧视；×1。登记号：87103。产地、层位同上。

21. 侧视；×1。登记号：87104。产地、层位同上。

图 22～30　中型扁色尔特菊石 *Lenticoceltites medius* Ma，2012

22. 侧视；23. 前视；24. 腹视；×1.3。登记号：85051；正型。产地江西安福北华山；层位上二叠统乐平阶三阳亚阶下部。

25. 侧视；26. 前视；27. 腹视；×2。登记号：85055；副型。产地、层位同上。

28. 侧视；29. 前视；30. 腹视；×3。登记号：85054；副型。产地、层位同上。

图 版 3

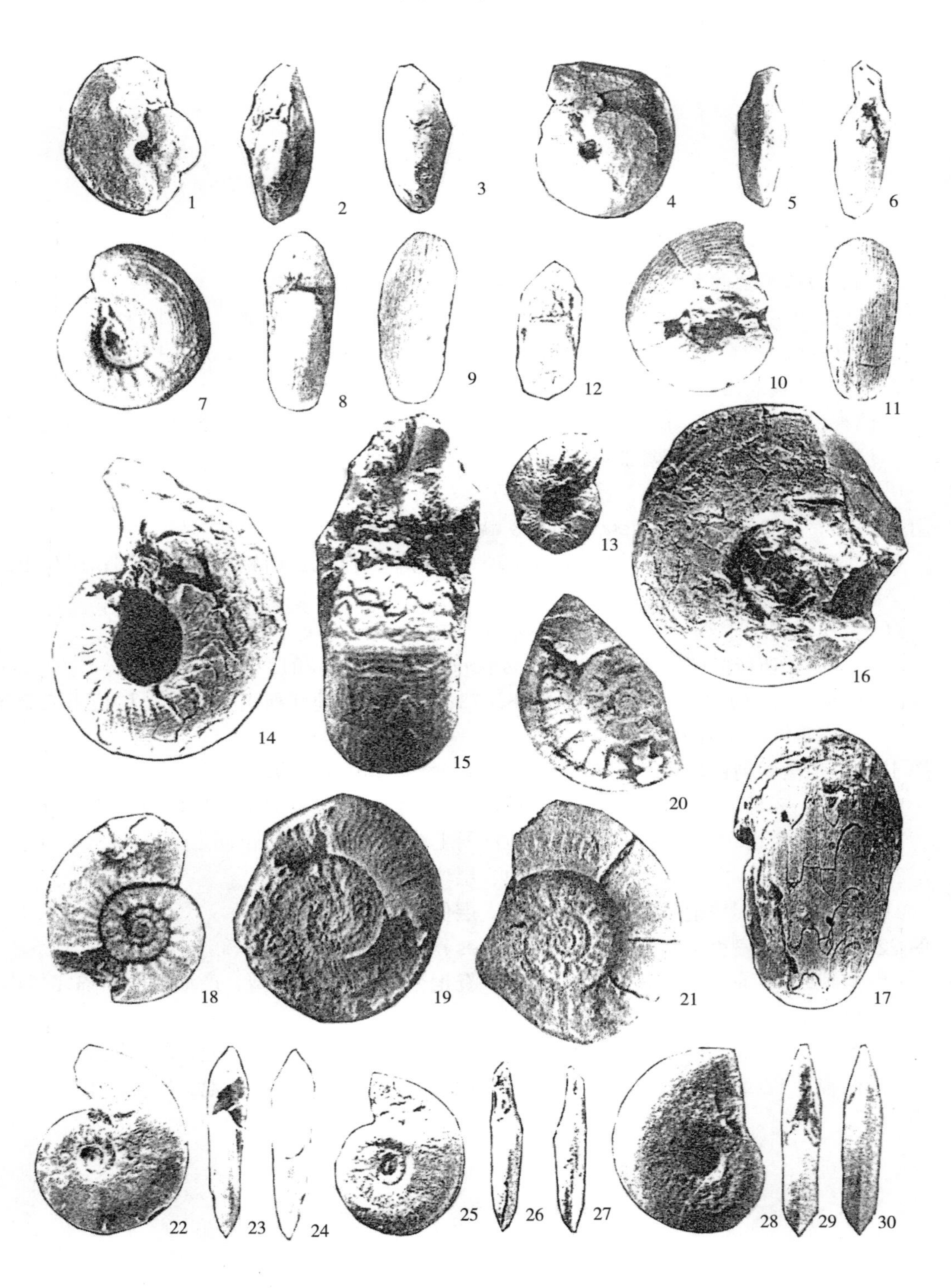
1
2
3
4
5
6
7
8
9
12
10
11
13
14
15
16
20
18
19
21
17
22
23
24
25
26
27
28
29
30

图 版 4 说 明

图 1～3　中型扁色尔特菊石 *Lenticoceltites medius* Ma，2012

1. 侧视；2. 前视；3. 腹视；均×2。登记号：85079。产地江西安福北华山；层位同上。

图 4～6　美丽扁色尔特菊石 *Lenticoceltites elegans* Ma，2012

4. 侧视；5. 前视；6. 腹视；×2。登记号：85059；正型。产地江西安福观溪；层位同上。

图 7～9　变异扁色尔特菊石 *Lenticoceltites varians* Ma，2012

7. 侧视；8. 前视；9. 腹视；×2。登记号：85056。产地江西安福北华山；层位同上。

图 10～20　薄体扁色尔特菊石 *Lenticoceltites leptosema* Ma，2012

10. 侧视；11. 前视；12. 腹视；×2。登记号：85061；副型。产地江西安福观溪；层位同上。

13. 腹视；14. 侧视；×2.3。登记号：85063；正型。产地江西安福北华山；层位上二叠统乐平阶三阳亚阶下部。

15. 侧视；16. 前视；17. 腹视；×1.7。登记号：85062；副型。产地、层位同上。

18. 侧视；19. 前视；20. 腹视；×2。登记号：85065；副型。产地、层位同上。

图 21～31　饼形扁色尔特菊石 *Lenticoceltites lenticularis* Ma，2012

1. 侧视；2. 前视；3. 腹视；×2.3。登记号：85079；副型。产地、层位同上。

21. 侧视；22. 前视；23. 腹视；×2.3。登记号：85068；副型。产地、层位同上。

24. 侧视；25. 前视；×2。登记号：85069；副型。产地、层位同上。

26. 侧视；27. 前视；28. 腹视；×1.3。登记号：85057；副型。产地、层位同上。

29. 侧视；30. 前视；31. 腹视；×1.5。登记号：85070；正型。产地、层位同上。

图 版 4

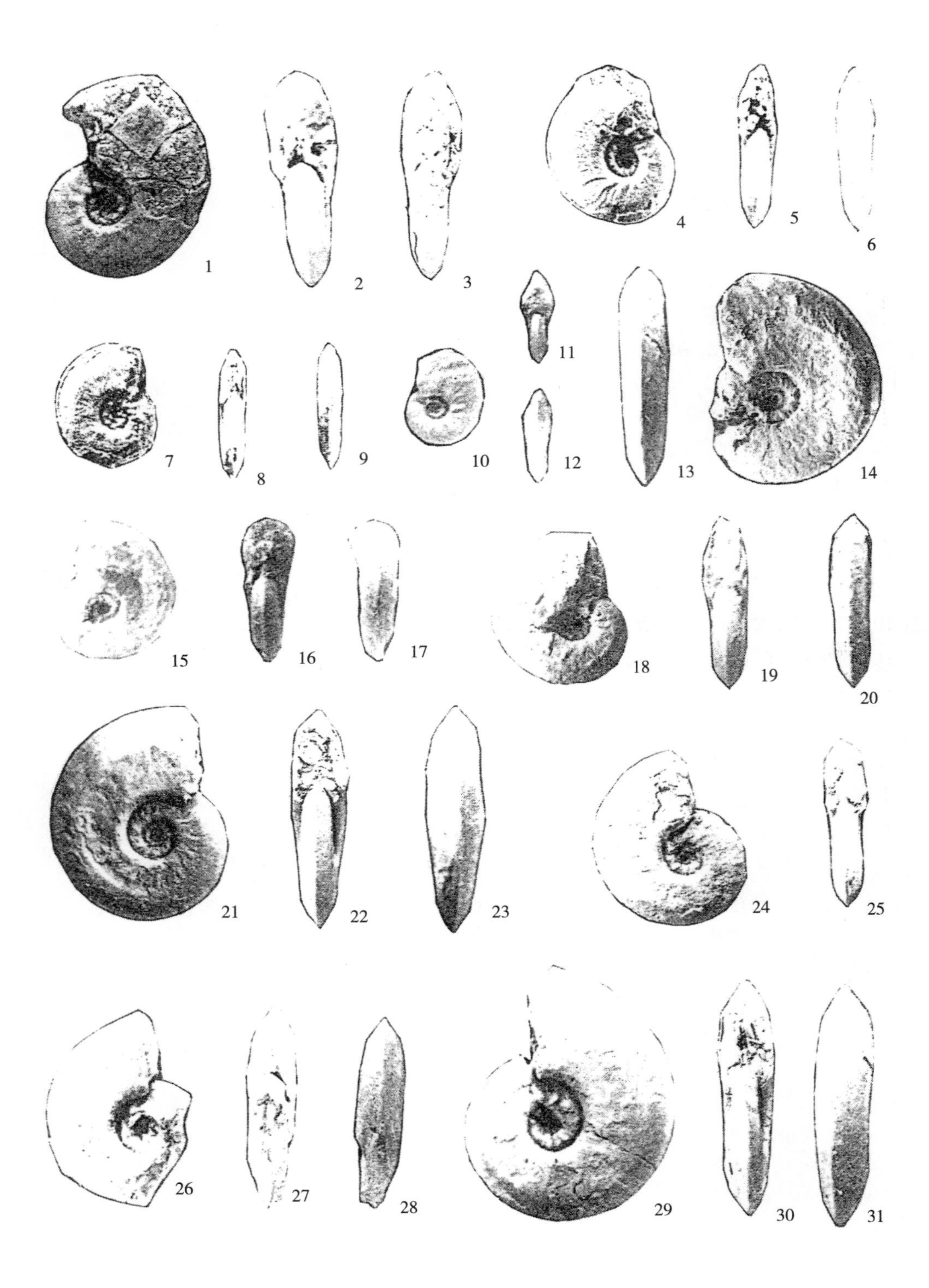
1
2
3
4
5
6
7
8
9
10
11
12
13
14
15
16
17
18
19
20
21
22
23
24
25
26
27
28
29
30
31

图版 5 说明

图 1～9 异形扁色尔特菊石 *Lenticoceltites aberratum* Ma，2012

1. 侧视；2. 前视；3. 腹视；×1.5。登记号：85058；副型。产地、层位同上。

4. 侧视；5. 前视；6. 腹视；×1.9。登记号：85074；正型。产地、层位同上。

7. 侧视；8. 前视；9. 腹视；×2。登记号：85073；副型。产地、层位同上。

图 10～17 姣美平盘菊石 *Plahodiscoceras gratiosum* Chao et Liang，1966

10. 侧视；11. 前视；12. 腹视；×1.2。登记号：85043；正型。产地、层位同上。

13. 侧视；14. 腹视；×1。登记号：85046；副型。产地江西安福观溪；层位同上。

15. 侧视；16. 腹视；17. 前视；×1.2。登记号：85045；副型。产地江西安福北华山；层位同上。

图 18～20 东神岭薄卷菊石 *Leptogeroceras dongshenlingense* Chao et Liang，1966

18. 侧视；19. 腹视；20. 腹视；×1。登记号：85048。产地、层位同上。

图 21～26 扁平竹江菊石 *Zhujiangoceras discus* Ma，2012

21. 腹视；22. 腹视；23. 前视；×2。登记号：85100；副型。产地、层位同上。

24. 侧视；25. 腹视；26. 前视；×1.2。登记号：85101；副型。产地江西乐平鸣山；层位同上。

图 27～32 内卷竹江菊石 *Zhujiangoceras involutum* Ma，2012

27. 侧视；28. 前视；29. 腹视；×2。登记号：85097；副型。产地江西安福北华山；层位同上。

30. 侧视；31. 前视；32. 腹视；×2。登记号：85098；副型。产地、层位同上。

图 33～38 宽鞍薄卷菊石 *Leptogyroceras latisellatum* Ma，2012

33. 侧视；34. 前视；35. 腹视；×1。登记号：85049；正型。产地、层位同上。

36. 侧视；37. 前视；38. 腹视；×1。登记号：85050；副型。产地、层位同上。

图 版 5

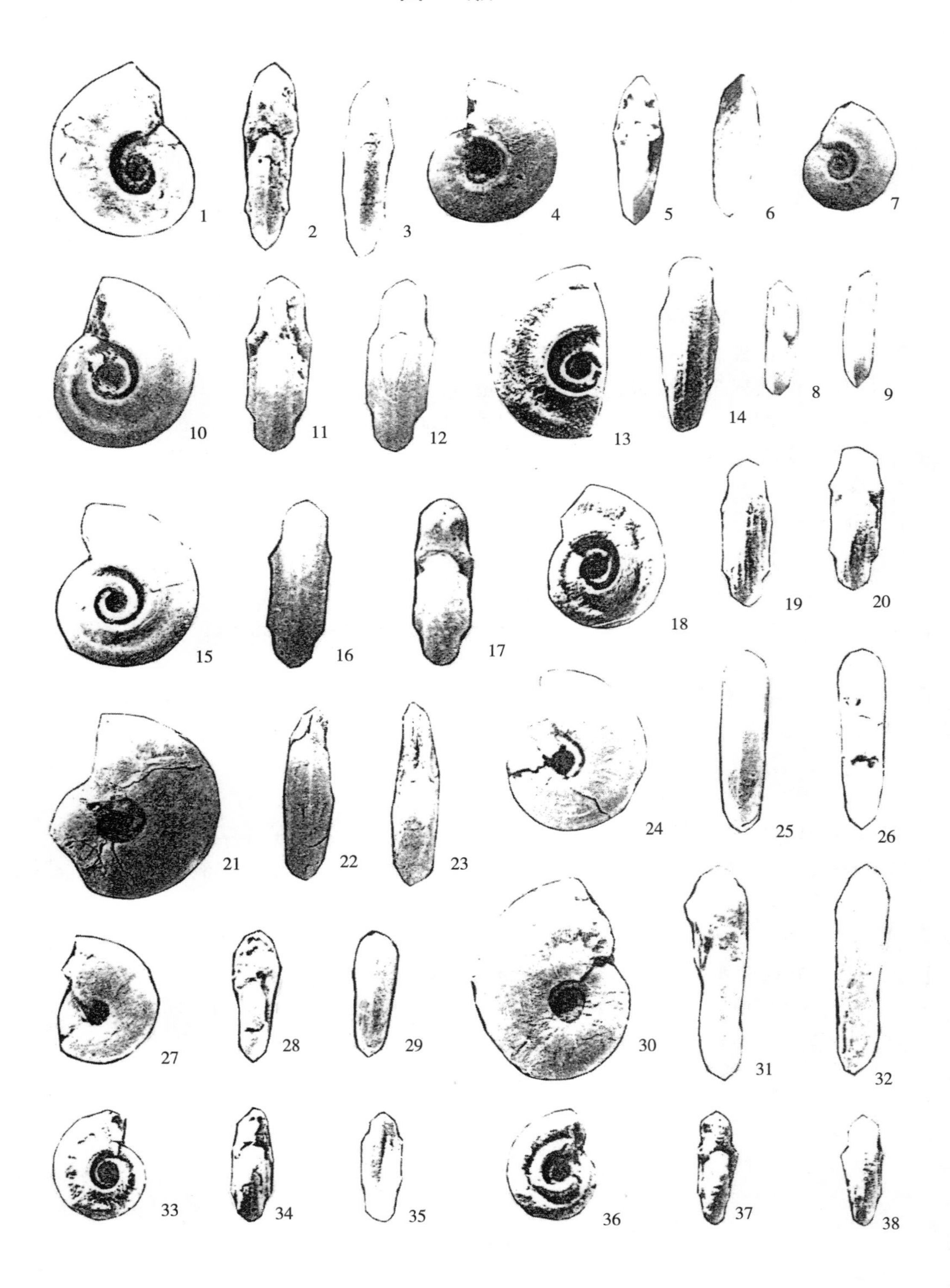
1
2
3
4
5
6
7
10
11
12
13
14
8
9
15
16
17
18
19
20
21
22
23
24
25
26
27
28
29
30
31
32
33
34
35
36
37
38

图 版 6 说 明

图 1～8　肥安德生菊石 *Anderssonoceras robustum* Ma，2012

1. 侧视；2. 腹视；3. 前视；×2。登记号：85102；副型。产地江西安福北华山；层位同上。

4. 侧视；5. 腹视；×2。登记号：85105；副型。产地、层位同上。

6. 侧视；7. 前视；8. 腹视；×2。登记号：85106；正型。产地、层位同上。

图 9～14、18～22　扁形安德生菊石 *Anderssonoceras compressum* Ma，2012

9. 侧视；10. 前视；11. 腹视；×2。登记号：85104；副型。产地、层位同上。

12. 侧视；13. 前视；14. 腹视；×2。登记号：85105；副型。产地、层位同上。

18. 侧视；19. 腹视；×2。登记号：85128；正型。产地、层位同上。

20. 侧视；21. 腹视；22. 侧视；×3。登记号：85129；副型。产地、层位同上。

图 15～17　褶安德生菊石 *Anderssonoceras plicatum* Ma，2012

15. 侧视；16. 前视；17. 腹视；×1.4。登记号：85113；正型。产地、层位同上。

图 版 6

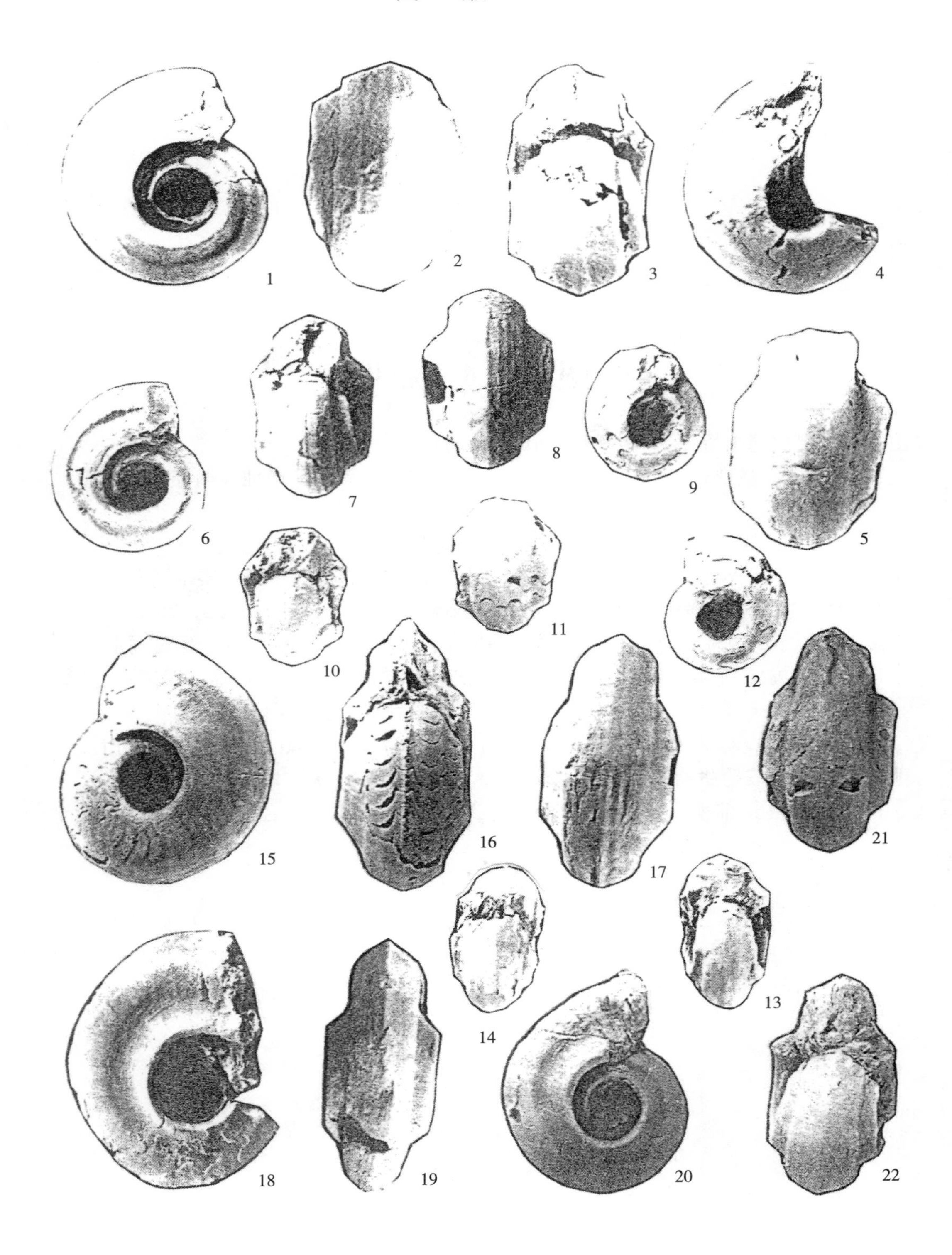

图 版 7 说 明

图 1～6、10～18　长叶仙姑岭菊石 *Xiangulingites longilobatus* Ma，2012

1. 侧视；2. 前视；3. 腹视；×2。登记号：85123；正型。产地、层位同上。

4. 侧视；5. 前视；6. 腹视；×2。登记号：85125；副型。产地、层位同上。

10. 侧视；11. 前视；12. 腹视；×2。登记号：85126；副型。产地、层位同上。

13. 侧视；14. 前视；15. 腹视；×2。登记号：85124；副型。产地江西安福观溪；层位同上。

16. 侧视；17. 前视；18. 腹视；×2。登记号：85127；副型。产地江西安福北华山；层位同上。

图 19～24　梁氏金科菊石 *Jinkeceras liangi* Ma，2012

19. 侧视；20. 前视；21. 腹视；×2。登记号：85042；副型。产地江西安福观溪；层位同上。

22. 侧视；23. 腹视；24. 前视；×2。登记号：85139；正型。产地江西安福北华山；层位同上。

图 25～30　中华金科菊石 *Jinkeceras sinesistum* Ma，2012

25. 前视；26. 侧视；27. 腹视；×2.7。登记号：85136；正型。产地、层位同上。

28. 侧视；29. 前视；30. 腹视；×3。登记号：85137；副型。产地、层位同上。

图 31～33　郑氏金科菊石 *Jinkeceras zhengi* Ma，2012

31. 侧视；32. 前视；33. 腹视；×2。登记号：85130；正型。产地、层位同上。

图 版 7

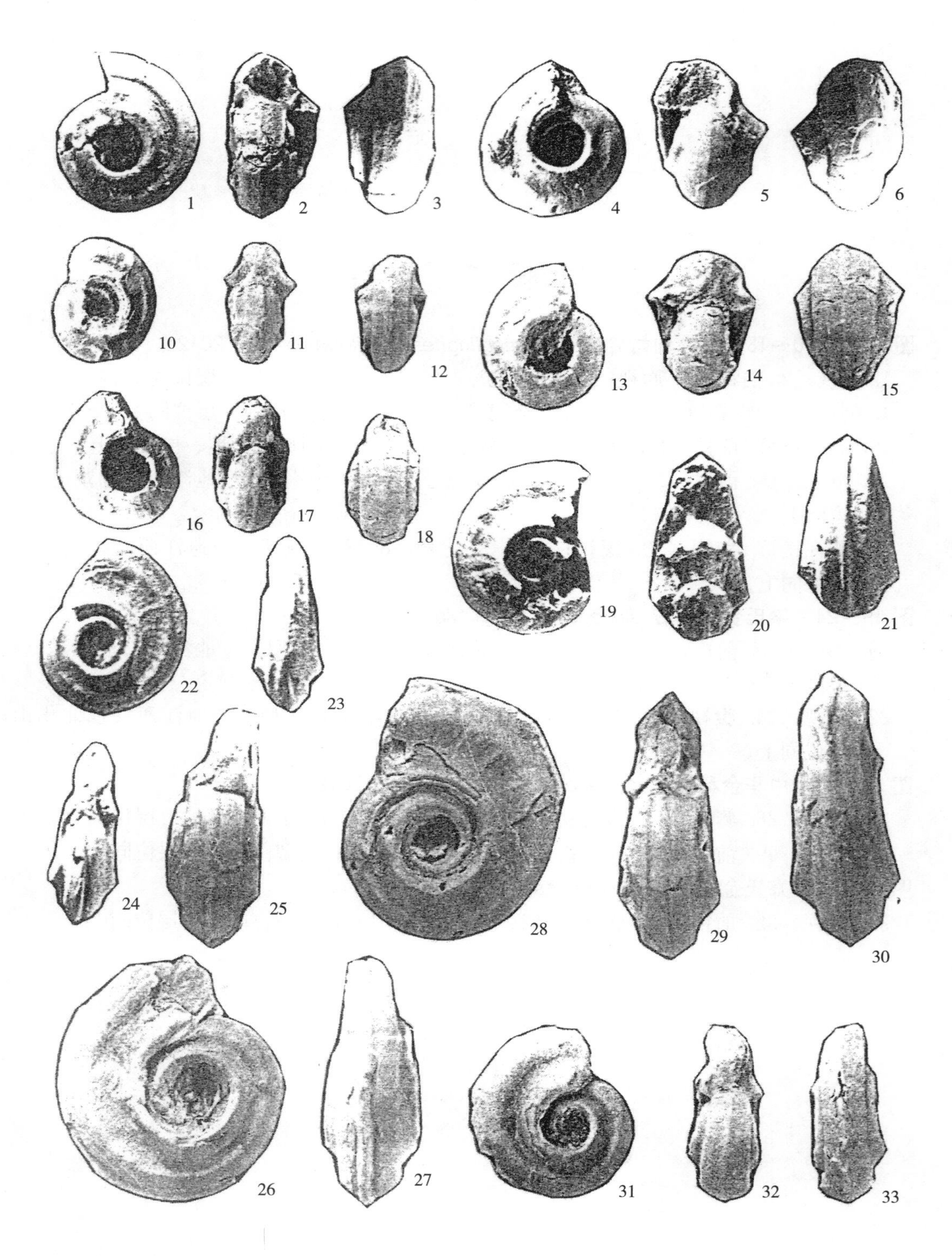
1
2
3
4
5
6
10
11
12
13
14
15
16
17
18
19
20
21
22
23
24
25
28
29
30
26
27
31
32
33

图版 8 说明

图 1～12　宽叶脊棱菊石 *Carinoceras latilobatum* Ma，2012

1. 侧视；2. 前视；3. 腹视；×2。登记号：85140；副型。产地、层位同上。

4. 侧视；5. 腹视；6. 前视；×3。登记号：85134；副型。产地、层位同上。

7. 侧视；8. 前视；9. 腹视；×1.8。登记号：85145；正型。产地、层位同上。

10. 侧视；11. 前视；12 腹视；×1.2。登记号：85191；正型。产地、层位同上。

图 13～18　粗壮北华山菊石 *Beihuashanoceras robustum* Ma，2012

13. 侧视；14. 前视；15. 腹视；×2.3。登记号：85190；副型。产地、层位同上。

16. 侧视；17. 前视；18. 腹视；×2。登记号：85183；正型。产地、层位同上。

图 19～21　江西阿拉斯菊石 *Araxoceras kiangsiense* Chao

19. 侧视；20. 腹视；21. 前视；×1.4。登记号：85202；副型。产地、层位同上。

图 22～24　粗壮武功山菊石 *Wugonshanoceras robustum* Ma，2012

22. 侧视；23. 前视；24. 腹视；×1.3。登记号：85174。

图 版 8

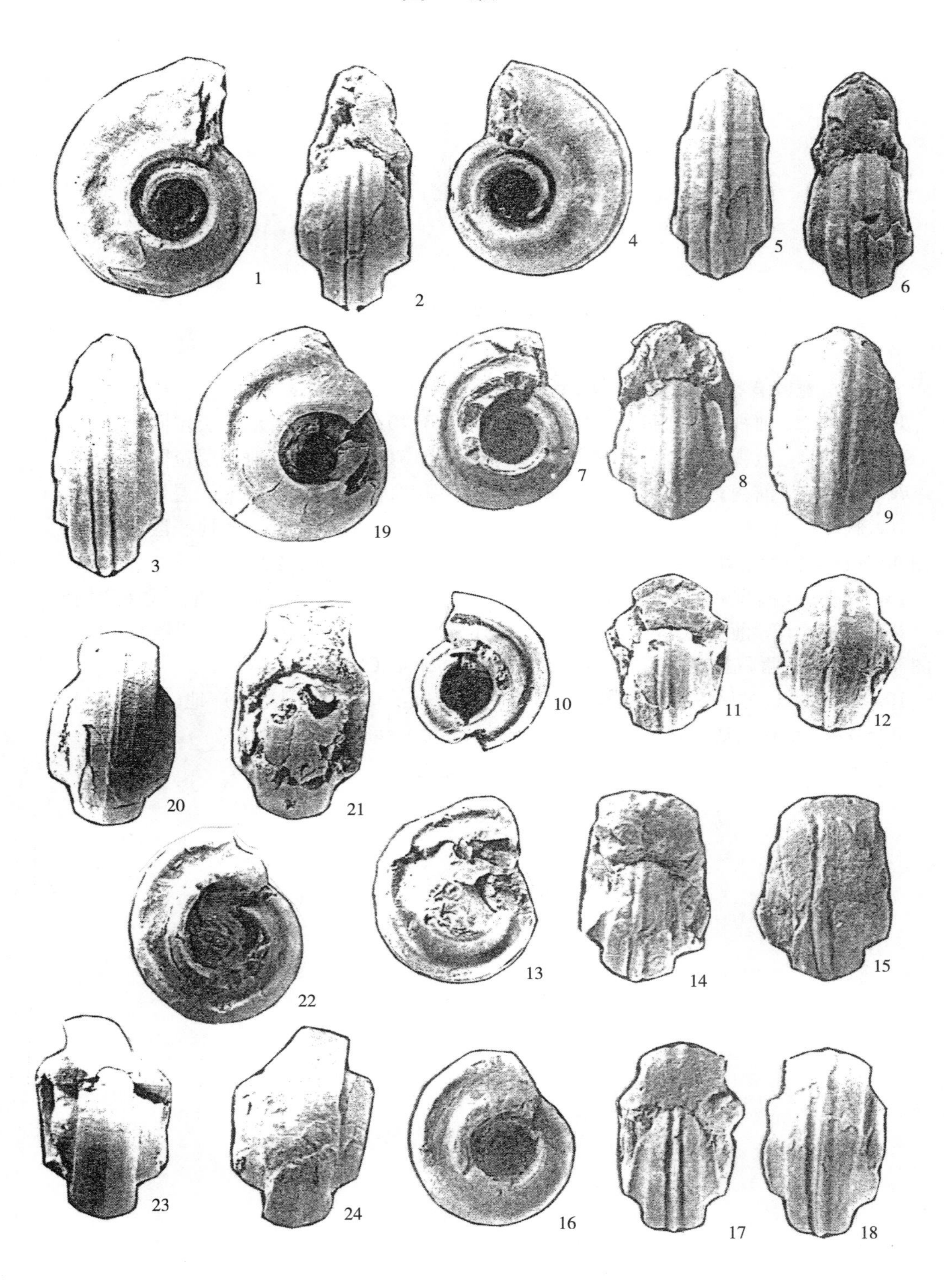

图 版 9 说 明

图 1～18 肥前耳菊石 *Prototoceras inflatum* Zhao，Liang et Zheng

1. 侧视；2. 前视；3. 腹视；×1.3。登记号：85175；副型。产地江西安福北华山；层位同上。

4. 侧视；5. 前视；6. 腹视；×1.4。登记号：85176；副型。产地、层位同上。

7. 侧视；8. 前视；9. 腹视；×2.3。登记号：85177；副型。产地、层位同上。

10. 侧视；11. 前视；12. 腹视；×2。登记号：85178；副型。产地、层位同上。

13. 侧视；14. 前视；15. 腹视；×2。登记号：85179；副型。产地、层位同上。

16. 侧视；17. 前视；18. 腹视；×2。登记号：85132；副型。产地、层位同上。

图 版 9

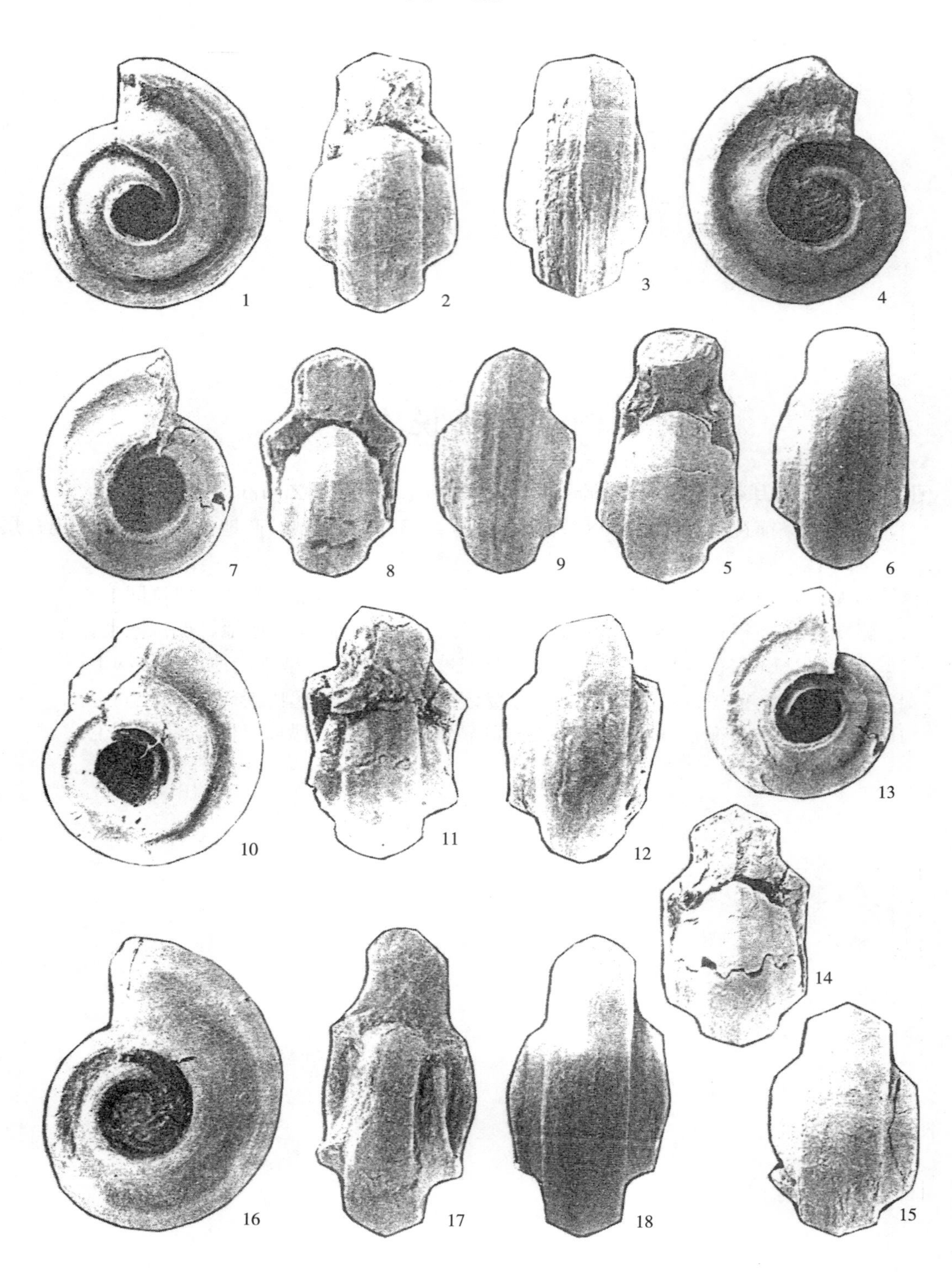

图版 10 说明

图 1～9　肥前耳菊石 *Prototoceras inflatum* Zhao, Liang et Zheng

1\. 侧视；2. 前视；3. 腹视；×1.3。登记号：85153；正型。产地、层位同上。

4\. 侧视；5. 前视；6. 腹视；×2。登记号：85155；副型。产地江西安福观溪；层位同上。

7\. 侧视；8. 前视；9. 腹视；×1.3。登记号：85156；副型。产地、层位同上。

图 10～12　尖棱江西菊石 *Kiangsiceras acutum* Ma, 1995

10\. 腹视；11. 前视；侧视；×1.4。登记号：85182；正型。产地江西安福北华山；层位同上。

图 13、14　奇异江西菊石 *Kiangsiceras mirificum* Ma, 1995

13\. 侧视；14. 前视；×1.4。登记号：85184；正型。产地、层位同上。

图 15～17　美丽脊棱菊石 *Carinoceras venustum* Ma, 2012

15\. 侧视；16. 前视；17. 腹视；×1.1。登记号：85199；正型。产地、层位同上。

图 18～20　圆叶脊棱菊石 *Carinoceras orbilobatum* Ma, 2012

18\. 侧视；19. 前视；20. 腹视；×1.3。登记号：85169；正型。产地、层位同上。

图 21～23　窄鞍脊棱菊石 *Carinoceras stenosellatum* Ma, 2012

21\. 侧视；22. 腹视；23. 前视；×1.5。登记号：85152；正型。产地、层位同上。

图 24～26　扁形窄腹菊石 *Stenogatrioceras compressum* Ma, 2012

24\. 侧视；25. 前视；26. 腹视；×1。登记号：85107；正型。产地、层位同上。

图 27～29　凸透镜锦江菊石 *Jinjiangoceras dilentiformis* Ma, 2012

27\. 侧视；28. 前视；29. 腹视；×1。登记号：85206；正型。产地江西宜春庐村；层位上叠统乐平阶三阳亚阶中部。

图 版 10

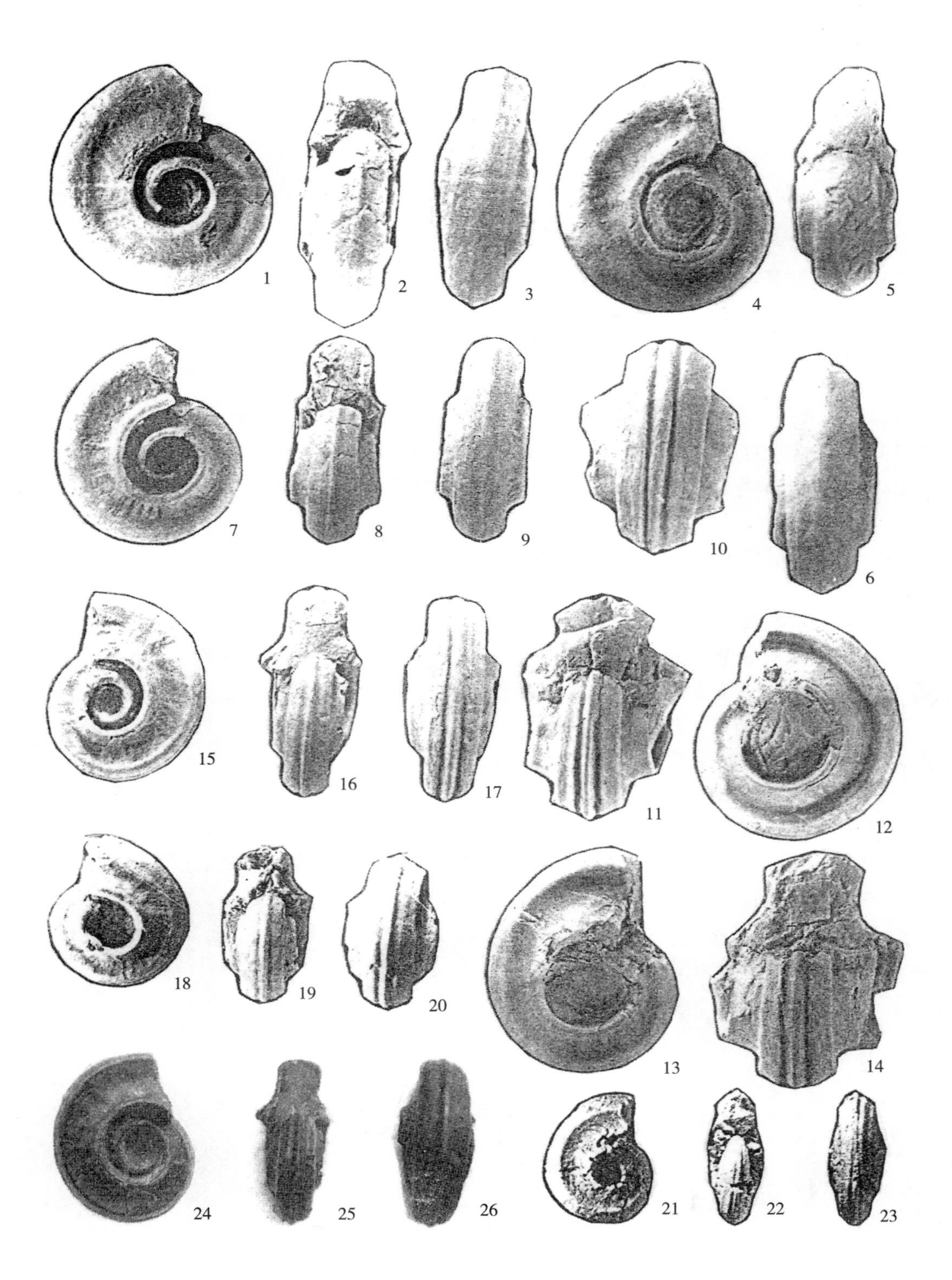

图版 11 说明

图 1～12　宽脐脊棱菊石 *Carinoceras latiumbilicatum* Ma，2012

1. 侧视；2. 前视；3. 腹视；×1.3。登记号：85185；正型。产地江西安福北华山；层位上二叠统乐平阶三阳亚阶下部。

4. 侧视；5. 前视；6. 腹视；×1.1。登记号：85188；副型。产地、层位同上。

7. 腹视；8. 前视；9. 侧视；×0.9。登记号：85186；副型。产地、层位同上。

10. 侧视；11. 前视；12. 腹视；×0.9。登记号：85187；副型。产地、层位同上。

图 13～21　宽叶脊棱菊石 *Carinoceras latilobatum* Ma，2012

13. 侧视；14. 腹视；15. 前视；×0.8。登记号：85189；正型。产地、层位同上。

16. 侧视；17. 前视；18. 腹视；×1。登记号：85193；副型。产地、层位同上。

19. 侧视；20. 前视；21. 腹视；×1。登记号：85197；副型。产地、层位同上。

图　版　11

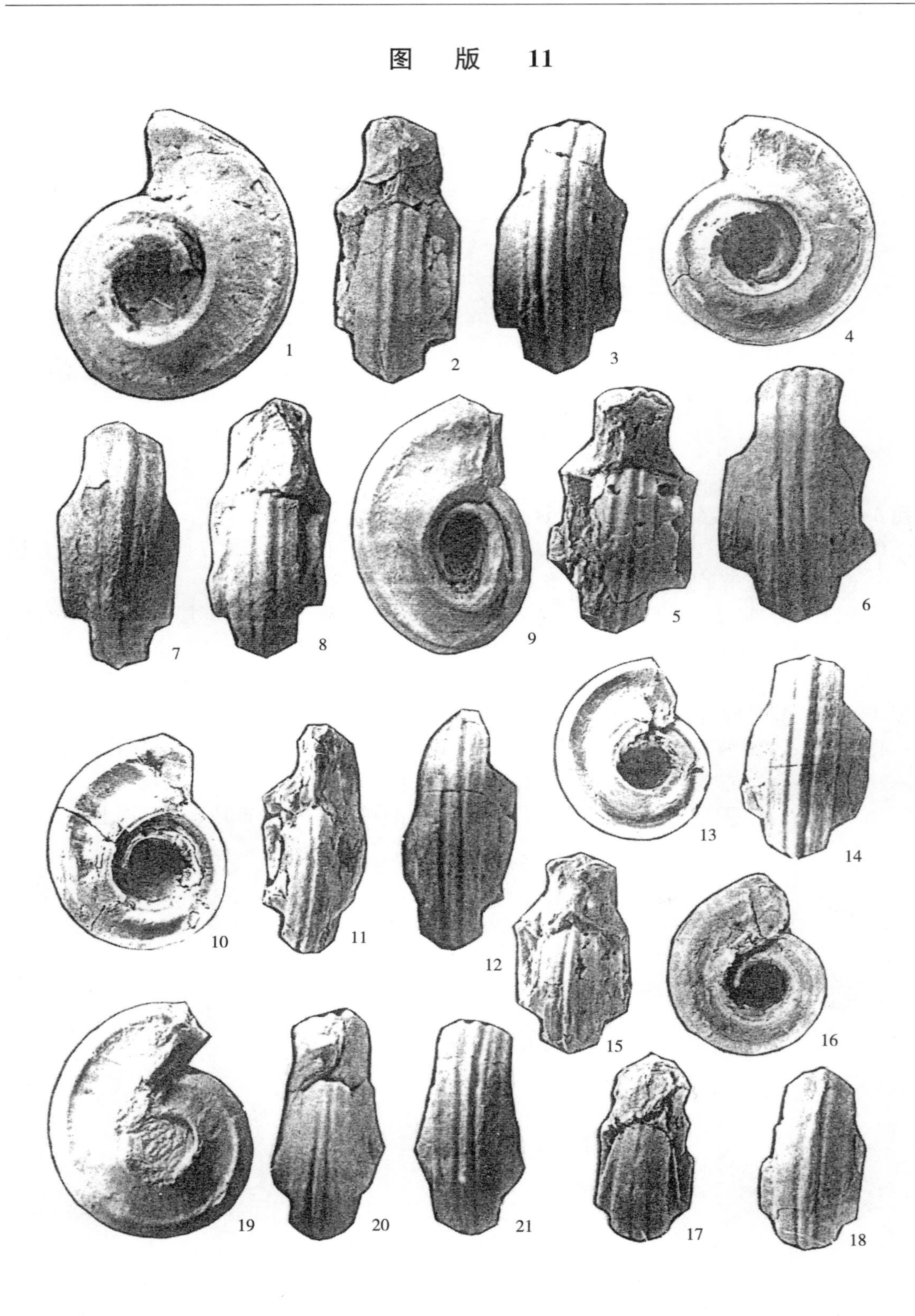

图 版 12 说 明

图 1～3、7　江西岗桥菊石 *Gangqiaoceras jiangxiense* Ma，2002

1-1. 侧视；1-2. 腹视；1-3. 前视；×2.3。登记号：85007；正型。产地江西安福北华山；层位上二叠统乐平阶三阳亚阶下部。

2-1. 侧视；2-2. 前视；2-3. 腹视；×2.5。登记号：85010；副型。未成年体。产地、层位同上。

3-1. 侧视；3-2. 前视；3-3. 腹视；×4。登记号：85008；副型；幼体。产地、层位同上。

3-1a. 侧视；3-2a. 前视；3-3a. 腹视；×5。登记号：85008

7. 侧视；×3。85009；副型；成年碎块。产地层位同上。

图 4～6　粗壮上饶菊石 *Shangraoceras robustum* Zhao et Zheng，1977

4-1. 侧视；4-2. 前视；4-3. 腹视；×1、2。登记号：87002；正型。产地江西上饶田墩黄坑；层位下二叠统上饶阶湖塘亚阶上部。

5-1. 侧视；5-2. 腹视；×1、1。登记号：87003；副型。产地、层位同上。

6-1. 侧视；6-2. 腹视；6-3；×1.2。登记号：87004；副型。产地、层位同上。

图 版 12

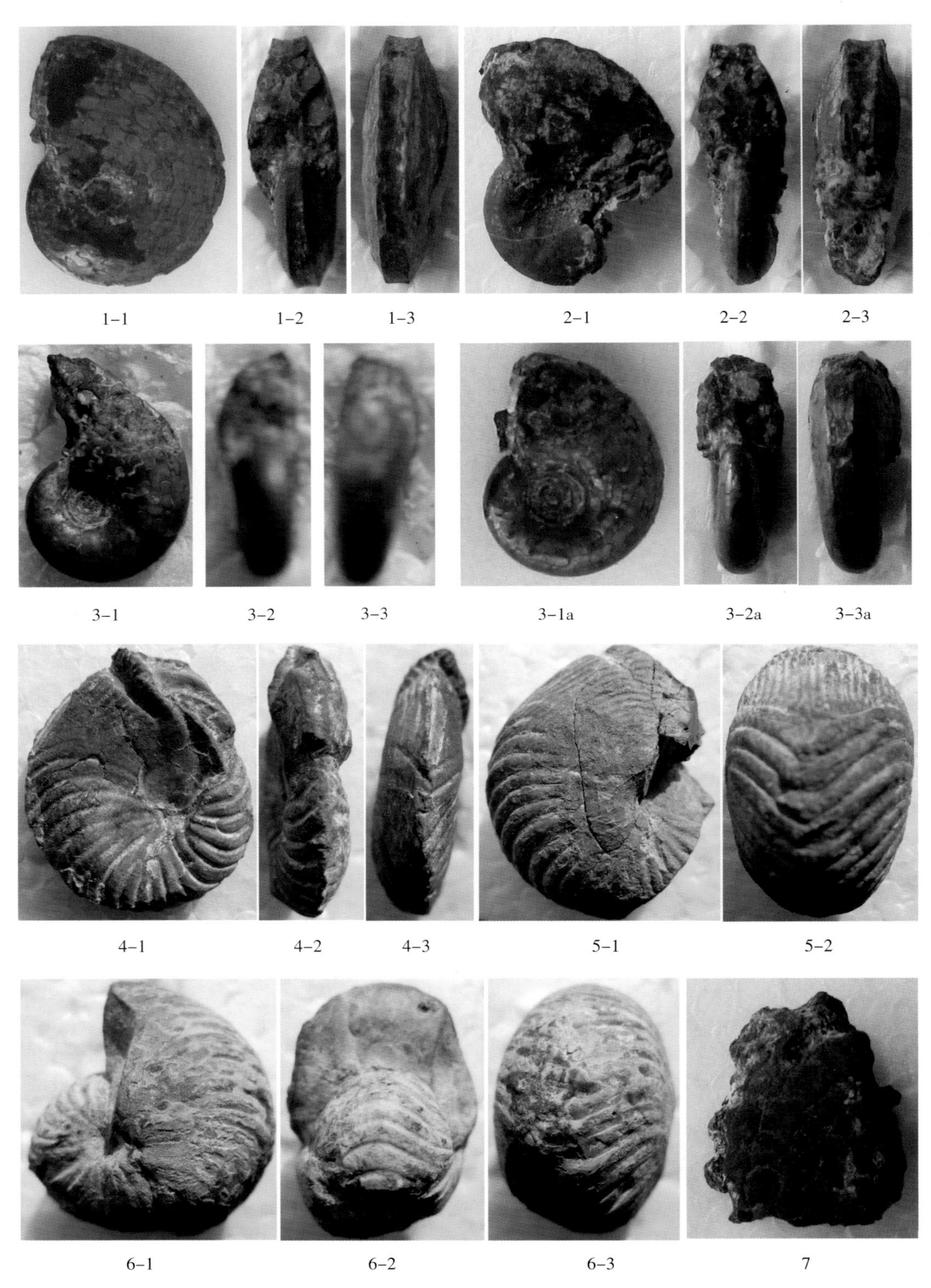

图版 13 说明

图 1～7　粗壮上饶菊石 *Shangraoceras robustum* Ma et Li，1997

1-1. 侧视；1-2. 腹视；1-3. 前视；×2、4。登记号：87005；副型。产地江西上饶四十八都蔡家湾、黄泥坞、田墩黄坑；应家煤矿附近；层位下二叠统上饶阶湖塘亚阶上部。

2-1. 侧视；2-2. 腹视；×1。登记号：87006；副型。产地、层位同上。

3-1. 侧视；3-2. 腹视；3-3. 前视；×1、4。登记号：87007；副型。产地、层位同上。

4. 侧视；×1、3。登记号：87008；副型。产地层位同上。

5-1. 侧视；5-2. 腹视；×1.6。登记号：87009；副型。产地、层位同上。

6-1. 侧视；6-2. 腹视；×1.3。登记号：87010；副型。产地、层位同上。

7-1. 侧视；7-2. 腹视；×2.1。登记号：87011；副型。产地、层位同上。

图 版 13

图版 14 说明

图 1～4 粗壮上饶菊石 *Shangraoceras robustum* Ma et Li，1997

1-1. 侧视；1-2. 腹视；×1、8。登记号：87012；副型。产地、层位同上。

2-1. 侧视；2-2. 腹视；×2.7。登记号：87013；副型。产地、层位同上。

3-1. 侧视；3-2. 腹视；×2。登记号：87014；副型。产地、层位同上。

4-1. 侧视；4-2. 腹视；×1.3。登记号：87015；副型。产地、层位同上。

图 版 14

图 版 15 说 明

图 1～4 细肋上饶菊石 ***Shangraoceras tenuicostatum*** **Ma et Li，1997**

1-1. 侧视；1-2. 腹视；1-3. 前视；×1、8。登记号：87016；正型。产地江西上饶四十八都蔡家湾、黄泥坞、新田，层位下二叠统上饶阶湖塘亚阶上部。

2-1. 侧视；2-2 前视；2-3. 腹视；×1.5。登记号：87017；副型。产地、层位同上。

3-1. 侧视；3-2. 腹视；×1.1。登记号：87018；副型。产地、层位同上。

4-1. 侧视；4-2. 副视；×1.1。登记号：87019；副型。产地、层位同上。

图　版　15

图 版 16 说 明

图 1～4 细肋上饶菊石 ***Shangraoceras tenuicostatum*** **Ma et Li，1997**

1-1. 侧视；1-2. 前视；1-3. 腹视；×2。登记号：87053；副型。产地、层位同上。

2-1. 侧视；2-2. 腹视；×1.2。登记号：87054；副型。产地、层位同上。

3-1. 侧视；3-2. 前视；3-3. 腹视；×1.3。登记号：87055；副型。产地、层位同上。

4-1. 侧视；4-2. 腹视；4-3. 前视；×1.7。登记号：87056；副型。产地、层位同上。

图 版 16

图版 17 说明

图 1～3　细肋上饶菊石 *Shangraoceras tenuicostatum* Ma et Li，1997

1-1. 前视；1-2. 侧视；1-3. 腹视；×2。登记号：87038；副型。产地、层位同上。

2-1. 侧视；2-2. 腹视；2-3. 前视；×1.8。登记号：87039；副型。产地、层位同上。

3-1. 侧视；3-2. 前视；3-3. 腹视；×1.6。登记号：87052；副型。产地、层位同上。

图 版 17

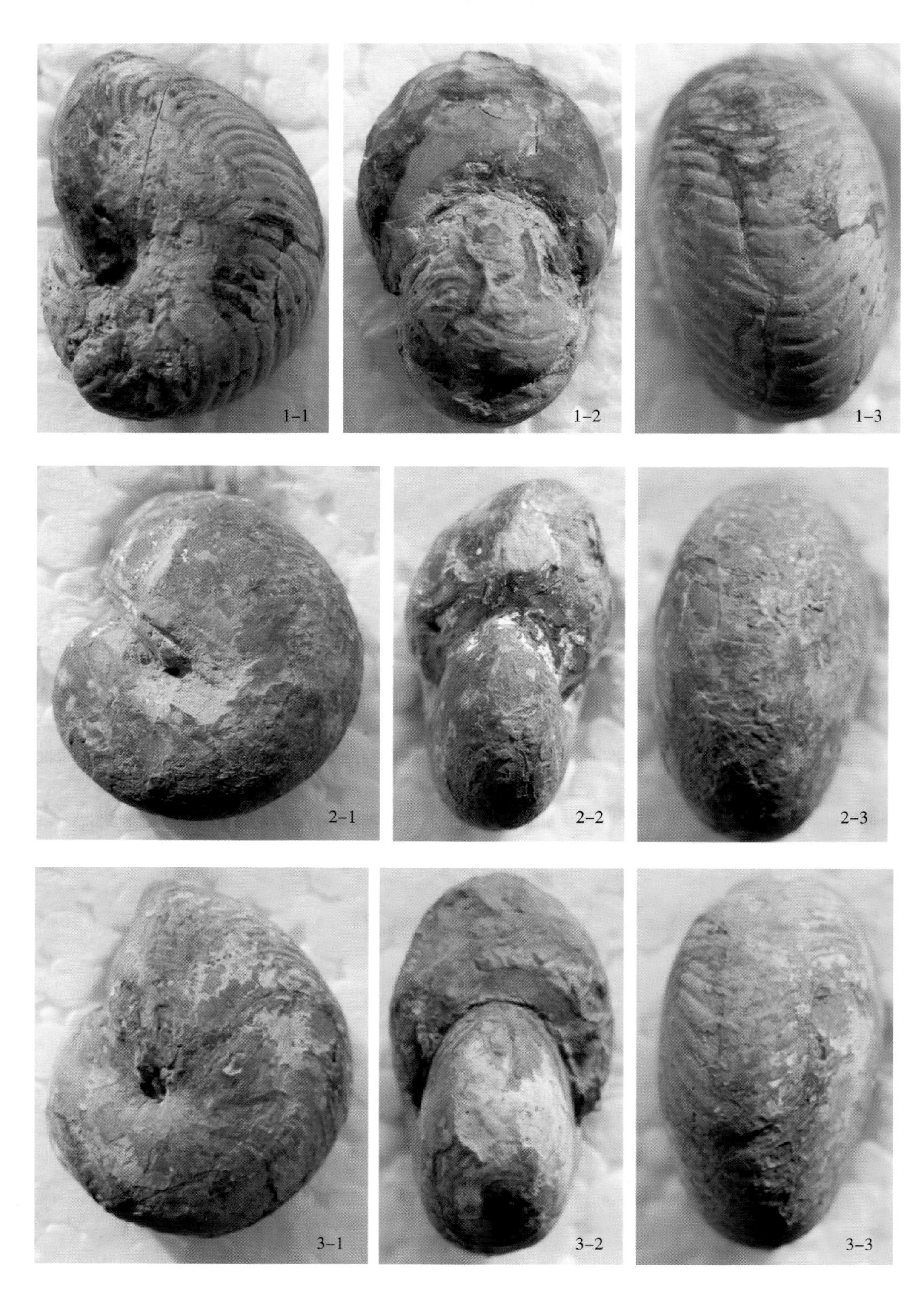

图 版 18 说 明

图 1～4 弱肋上饶菊石 *Shangraoceras attenuatum* Ma et Li，1997

1-1. 侧视；1-2. 前视；1-3. 腹视；×1、3。登记号：87100；正型。产地江西上饶四十八都黄泥坞；层位下二叠统上饶阶湖塘亚阶上部。

2-1. 侧视；2-2. 前视；2-3. 腹视；×1.4。登记号：87091；副型。产地、层位同上。

3-1. 侧视；3-2. 腹视；×16。登记号：87092；副型。产地、层位同上。

4. 侧视；×1.8。登记号：87090；副型。产地、层位同上。

图 版 18

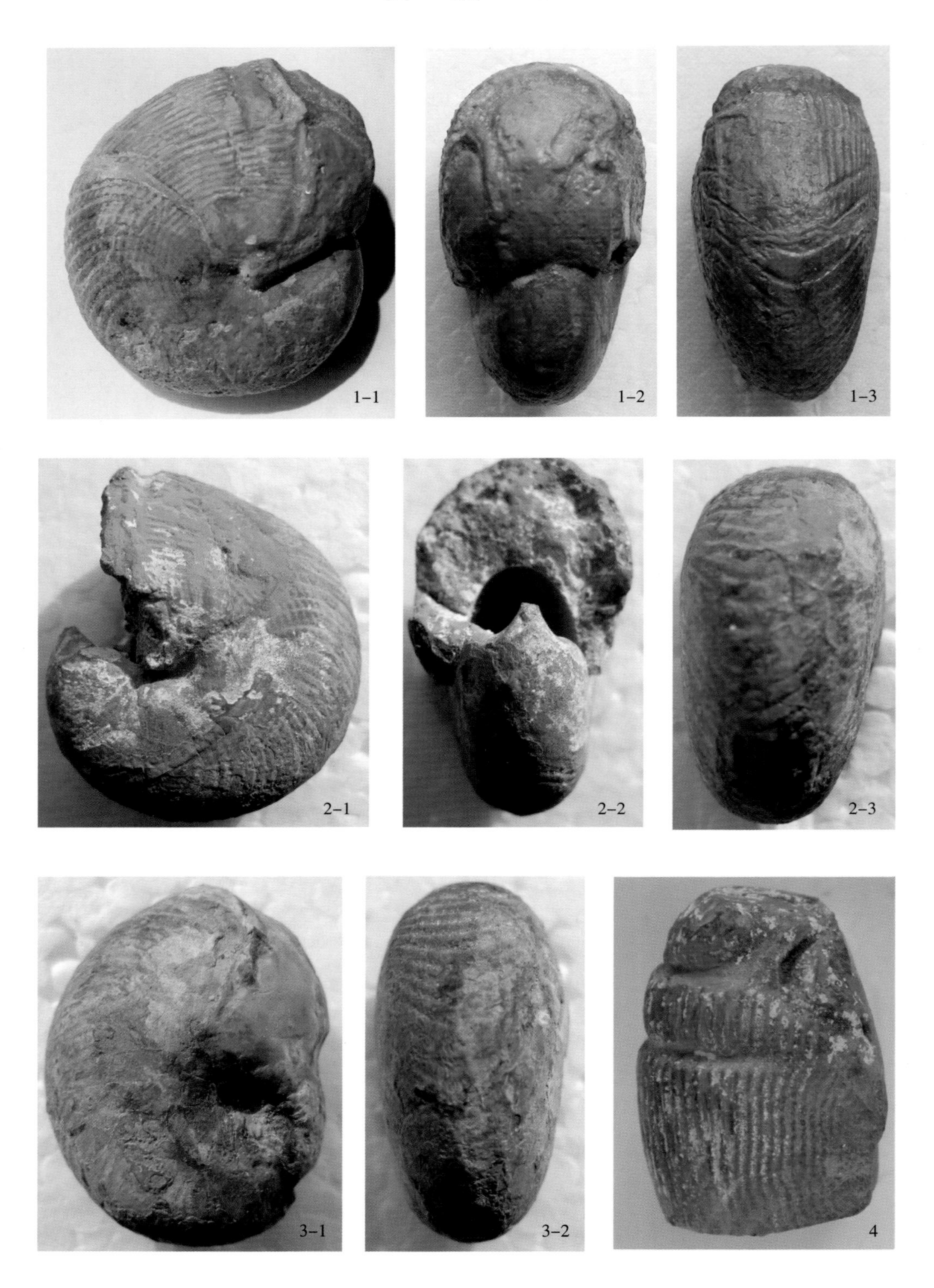

图版 19 说明

图 1～3 弱肋上饶菊石 *Shangraoceras attenuatum* Ma et Li，1997

1-1. 侧视；1-2. 前视；1-3. 腹视；×2.6。登记号：87093；副型。产地、层位同上。

2-1. 侧视；2-2. 前视；2-3. 腹视；×1.6。登记号：87094；副型。产地、层位同上。

3-1. 前视；3-2. 侧视；3-3. 腹视；×1.5。登记号：87095；副型。产地、层位同上。

4-1. 仰视；4-2. 侧视。

图 版 19

图版 20 说明

图 1～4　弱肋上饶菊石 *Shangraoceras attenuatum* Ma et Li，1997

1-1. 侧视；1-2. 前视；1-3. 腹视；×1.6。登记号：87096；副型。产地、层位同上。

2-1. 侧视；2-2. 前视；2-3. 腹视；×1.6。登记号：87097；副型。产地、层位同上。

3-1. 侧视；3-2. 前视；×1.3。登记号：87098；副型。产地、层位同上。

4-1. 侧视；4-2. 前视；4-3. 腹视；×1.4。登记号：87099；副型。产地、层位同上。

图　版　20

图 版 21 说 明

图 1～5 铅山刺猬状菊石 ***Erinoceras yanshanense*** **Ma et Li，1997**

1-1. 侧视；1-2. 腹视；1-3. 前视；×3。登记号：87024；正型 1。产地江西铅山永平安洲；层位下二叠统上饶阶湖塘亚阶下部。

2-1. 侧视；2-2. 前视；2-3. 腹视；×2.5。登记号：87025；正型 2。产地、层位同上。

3-1. 侧视；3-2. 前视；3-3. 腹视；×3。登记号：87026；副型。产地、层位同上。

4-1. 侧视；4-2. 前视；4-3. 腹视；×3。登记号：87027；副型。产地、层位同上。

5-1. 侧视；×3。登记号：87028；副型。产地层位同上。

图 6 象牙菊石（幼体）

6-1. 侧视；6-2. 前视；6-3. 腹视；×3。登记号：87029；副型。产地、层位同上。

图 7 象牙菊石（未定种） ***Elephantoceras*** **sp.**

7-1. 侧视；7-2. 前视；7-3. 腹视；×1.1。登记号：87030。产地江西上饶田墩黄坑；层位下二叠统上饶阶湖塘亚阶上部。

图 8 扁锥象牙菊石 ***Elephantoceras lenticonicum*** **Ma et Li，1997**

8-1. 侧视；8-2. 腹视；8-3 前视；×2。登记号：87031；正型。产地江西铅山永平安洲；层位下二叠统上饶阶湖塘亚阶下部。

图 9 尖锥象牙菊石 ***Elephantoceras acroconicum*** **Ma et Li，1997**

9-1. 侧视；9-2. 前视；9-3. 腹视；×1.3。登记号 87033。产地、层位同上。

图 10 黄坑信江菊石 ***Xinjiangoceras huangkengense*** **Ma et Li，1997**

10-1. 侧视；10-2. 前视；10-3、10-4. 腹视；×2。登记号：87001。产地江西上饶田墩黄坑；层位下二叠统上饶阶湖塘亚阶上部。

图 版 21

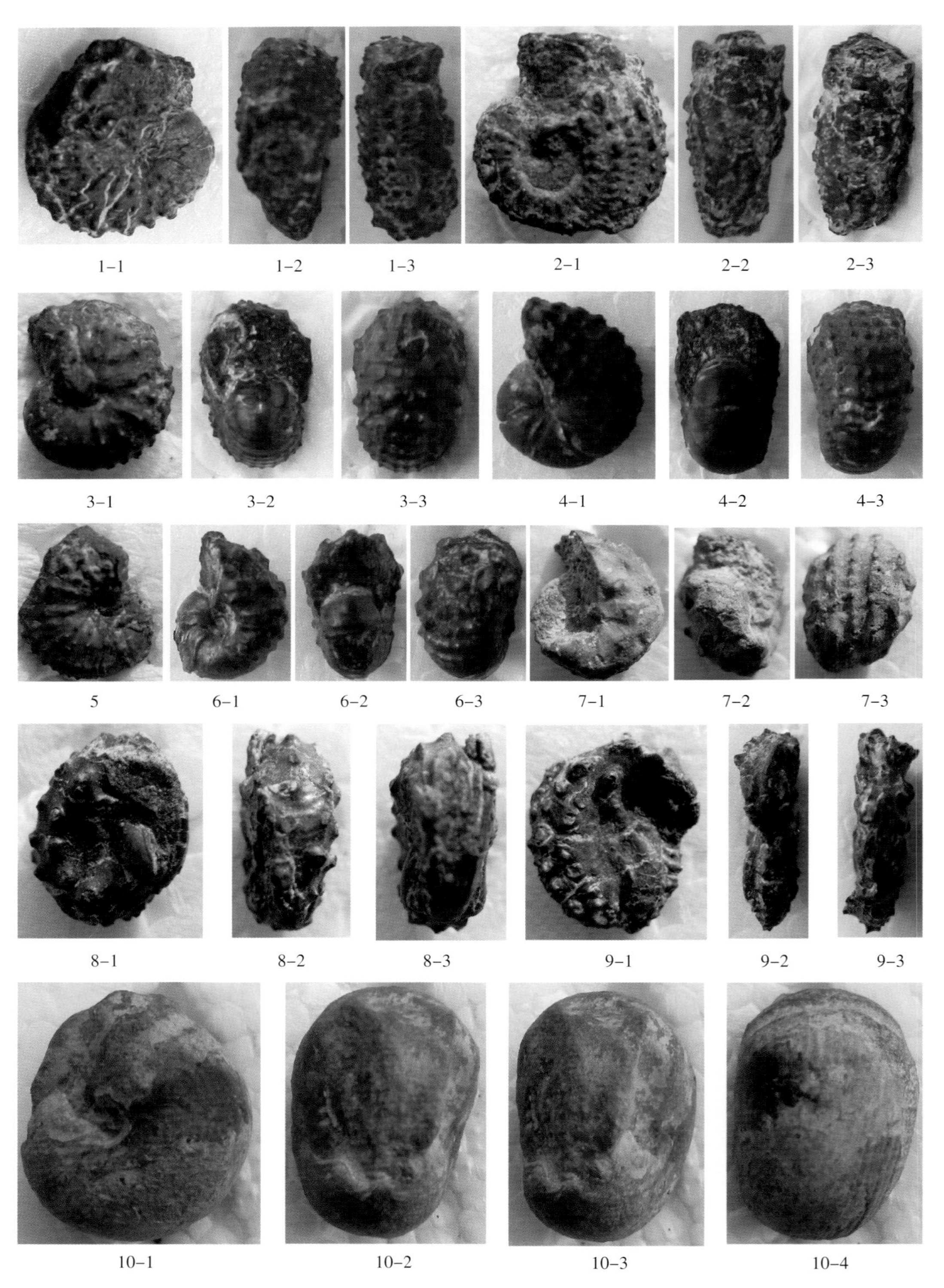
1-1
1-2
1-3
2-1
2-2
2-3
3-1
3-2
3-3
4-1
4-2
4-3
5
6-1
6-2
6-3
7-1
7-2
7-3
8-1
8-2
8-3
9-1
9-2
9-3
10-1
10-2
10-3
10-4

图 版 22 说 明

图 1～5　盘瘤腹菊石 ***Nodogastrioceras discum*** **Ma et Li，1998**

1-1. 侧视；1-2. 前视；×2.2。登记号：87040；正型。产地江西铅山永平安洲；层位下二叠上饶阶湖塘亚阶下部。

2-1. 侧视；2-2. 前视；2-3. 腹视；×1.9。登记号：87041；副型。产地、层位同上。

3-1. 侧视；3-2. 前视；×1.8。登记号：87942；副型。产地、层位同上。

4-1. 侧视；4-2. 前视；4-3. 腹视；×1.3。登记号：87043；副型。产地、层位同上。

5-1. 侧视；5-2. 腹视；×1.41.3。登记号：87051；副型。产地、层位同上。

图 6～10　规则瘤腹菊石 ***Nodogastrioceras regulare*** **Ma et Li，1998**

6-1. 侧视；6-2. 腹视；6-3. 前视；×2.5。登记号：87060；副型。产地、层位同上。

7-1. 侧视；7-2. 前视；7-3. 侧视；×2.4。登记号：87059；副型。产地、层位同上。

8-1. 侧视；8-2. 腹视；8-3. 前视；×1.4。登记号：87058；副型。产地、层位同上。

9-1. 侧视；9-2. 前视；9-3. 腹视；×1.9。登记号：87057；正型。产地、层位同上。

10-1. 侧视；10-2. 前视；10-3. 腹视；×2.9。登记号：87062；副型。产地、层位同上。

图 版 22

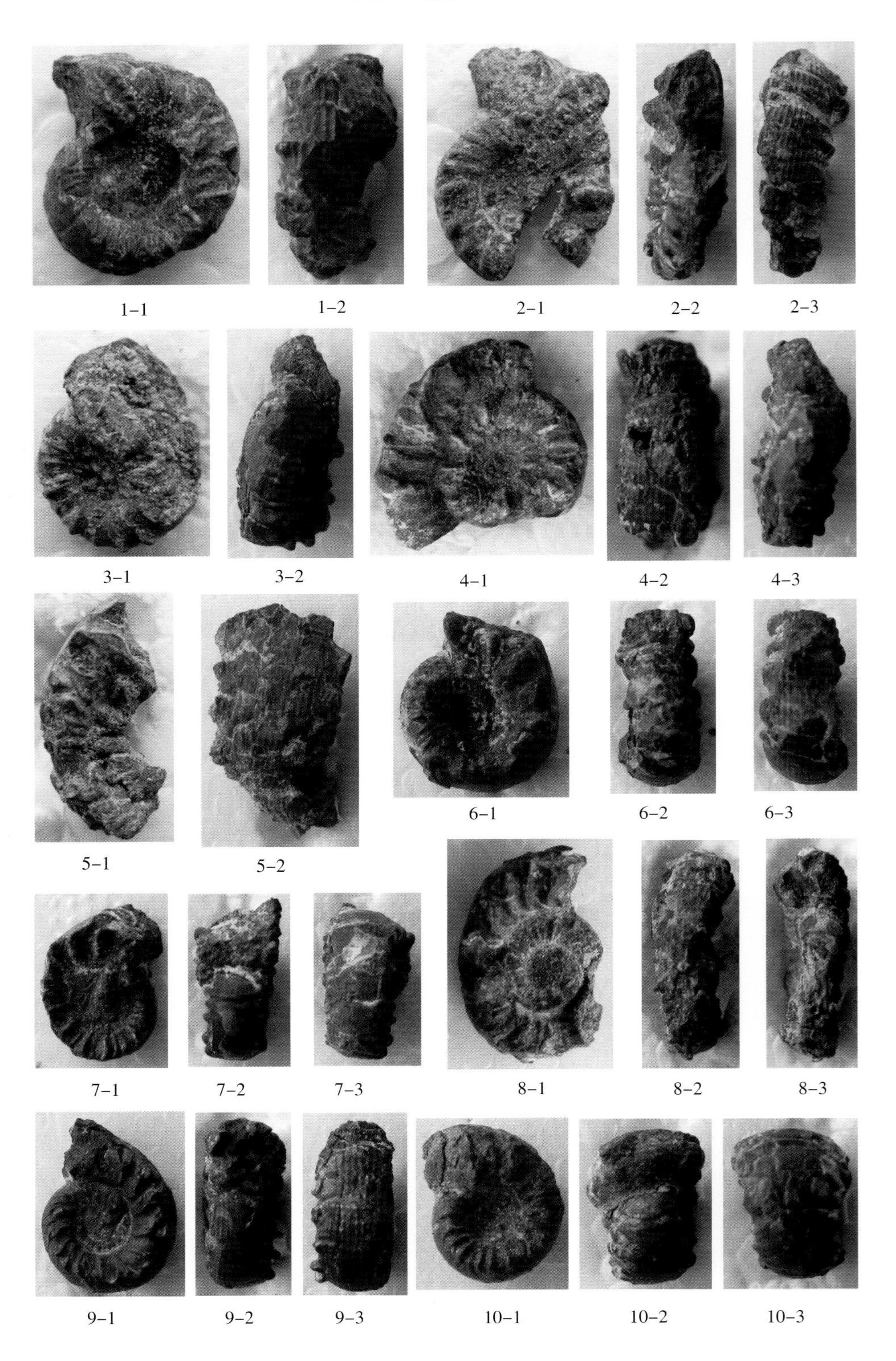
1-1
1-2
2-1
2-2
2-3
3-1
3-2
4-1
4-2
4-3
5-1
5-2
6-1
6-2
6-3
7-1
7-2
7-3
8-1
8-2
8-3
9-1
9-2
9-3
10-1
10-2
10-3

图 版 23 说 明

图 1～3　环肋瘤腹菊石 *Nodogastrioceras cyclocostatum* Ma et Li，1998

1-1. 侧视；1-2. 腹视；1-3. 前视；×1. 1. 9。登记号：87049；正型。产地、层位同上。

2-1. 侧视；2-2. 腹视；×1. 9。登记号：87050；副型。产地、层位同上。

3. 侧视；×2。登记号：87048；副型。产地层位同上。

图 4、5　永平永平菊石 *Yongpingoceras yongpingense* Ma et Li，1998

4-1. 侧视；4-2. 前视，×3. 8。登记号：87063；正型。产地、层位同上。

5-1. 侧视；5-2. 腹视；×2. 8。登记号：87064；副型。产地、层位同上。

图 6　铅山永平菊石 *Yongpingoceras yanshanense* Ma et Li，1998

6-1. 侧视；6-2. 腹视；6-3. 前视；×2. 9。登记号：87068；副型。产地、层位同上。

图 版 23

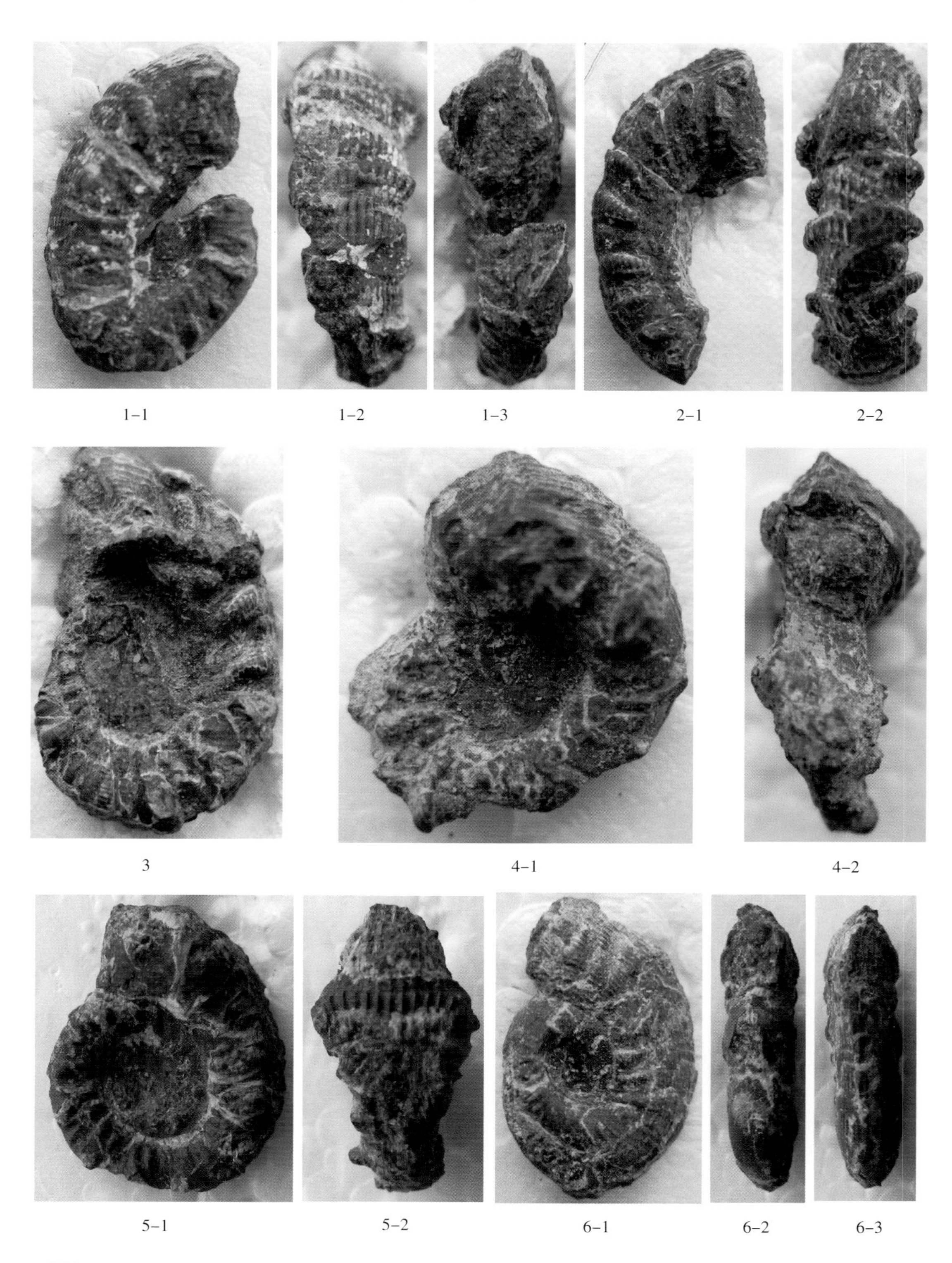

1-1 1-2 1-3 2-1 2-2

3 4-1 4-2

5-1 5-2 6-1 6-2 6-3

图版 24 说明

图 1～3 铅山永平菊石 *Yongpingoceras yanshanense* Ma et Li，1998

1. 侧视；×2.4。登记号：87066；正型。产地、层位同上。

2-1. 侧视；2-2. 前视；2-3 腹视；×2.3。登记号：87067；副型。产地、层位同上。

3. 侧视；×3.4。登记号：87069；副型。产地、层位同上。

图 4 大型瘤腹菊石 *Nodogastrioceras* gigantum Ma，1998

4-1. 侧视；4-2. 前视；4-3. 腹视；×1.5。登记号：87046。产地、层位同上。

图 5、6 窑山永平菊石 *Yongpingoceras yaoshanense* Ma et Li，1998

5-1. 侧视；5-2. 前视；×2.2。登记号：87073；正型。产地、层位同上。

6-1. 侧视；6-2. 前视；6-3. 腹视。×3。登记号：87074。产地、层位同上。

图 版 24

图 版 25 说 明

图 1、2 大型桐庐菊石 *Tongluceras gigantum* Ma，1996

1-1. 侧视；1-2. 前视；×0.8。登记号：87080；副型。产地江西上饶田墩黄坑；层位下二叠统上饶阶湖塘亚阶上部。

2-1. 侧视；2-2. 前视；2-3. 腹视；×0.9。登记号：87079；正型。产地、层位同上。

图　版　25

图 版 26 说 明

图 1、3　蔡家耳桐庐菊石 *Ototongluceras caijiaense* Ma ，1996

1-1. 侧视；1-2. 前视；1-3. 腹视；×1.3。登记号：87083；正型。产地、层位同上。

3-1. 侧视；3-2. 前视；×1.9。登记号：87084；副型。产地、层位同上。

图 2、4　江西副桐庐菊石 *Paratongluceras jiangxiense* Ma et Li，1996

2-1. 侧视；2-2. 前视；2-3. 腹视；×1、3。登记号：87081；副型。产地、层位同上。

4-1. 侧视；4-2. 前视；×1。登记号：87082；副型。产地、层位同上。

图 5　桐庐菊石（未定种）*Tongluceras* sp.

5-1. 侧视；5-2. 前视；5-3. 腹视；×1.3。登记号：87086。产地、层位同上。

图 版 26

图版 27 说明

图 1　上饶桐庐菊石？*Tongluceras shangraoense* Ma

1-1. 侧视；1-2. 前视；1-3. 腹视；×0.9。登记号：87086；正型。产地江西上饶花厅；层位同上。

图 2、4　江西副桐庐菊石 *Paratongluceras jiangxiense* Ma et Li，1996

2-1. 侧视；2-2. 前视；2-3. 腹视；×1.1。登记号：87088；副型。产地江西上饶四十八都蔡家湾；层位同上。

4-1. 侧视；4-2. 前视；4-3. 腹视；×1.5。登记号：87089；正型。产地江西上饶应家煤矿附近；层位同上。

图 3　桐庐菊石（未定种）*Tongluceras* sp.

3-1. 侧视；3-2. 前视；3-3 腹视；×1.6。登记号：87087。产地、层位同上。

图 版 27

图 版 28 说 明

图 1～4 肥厚窄叶菊石 *Stenolobulites tumitus* Ma，2012

1. 侧视；1-2. 侧视；1-3. 前视；×3.3。登记号：87037；正型。产地江西铅山永平安洲；层位下二叠统上饶阶湖塘亚阶下部。

2. 侧视；×36；副型。产地、层位同上。

3. 侧视；×4；副型。产地、层位同上。

4. 侧视；×3；副型。产地、层位同上。

图 5 圆叶枫田菊石 *Fengtianoceras orbilobutum* Ma，1995

8. 侧视；×2。登记号：85094。产地江西安福观溪；层位上二叠统乐平阶三阳亚阶下部。

图 6 尖腹枫田菊石 *Fengtianoceras aculum* Ma，1995

9. 侧视；×2。登记号：85087。产地江西安福北华山；层位上二叠统乐平阶三阳亚阶下部。

20. 侧视；×3。登记号：85087。产地、层位同上。

图 7 薄体扁色尔特菊石 *Lenticoceltites tenitus* Ma，2012

7. 侧视；×6。登记号：85061。产地、层位同上。

图 8 美丽扁色尔特菊石 *Lenticoceltites elegans* Ma，2012

15. 侧视；×3.3。登记号：85059。产地江西安福观溪；层位同上。

图 9 锦江菊石 *Jinjiangoceras* sp.

9. 侧视；×0.8。产地、层位同上。

图 10 前耳菊石 *Prototoceras* sp.

10-1. 侧视；10-2. 前视；10-3. 腹视；×1.8。登记号：85187。产地、层位同上。

图 版 28

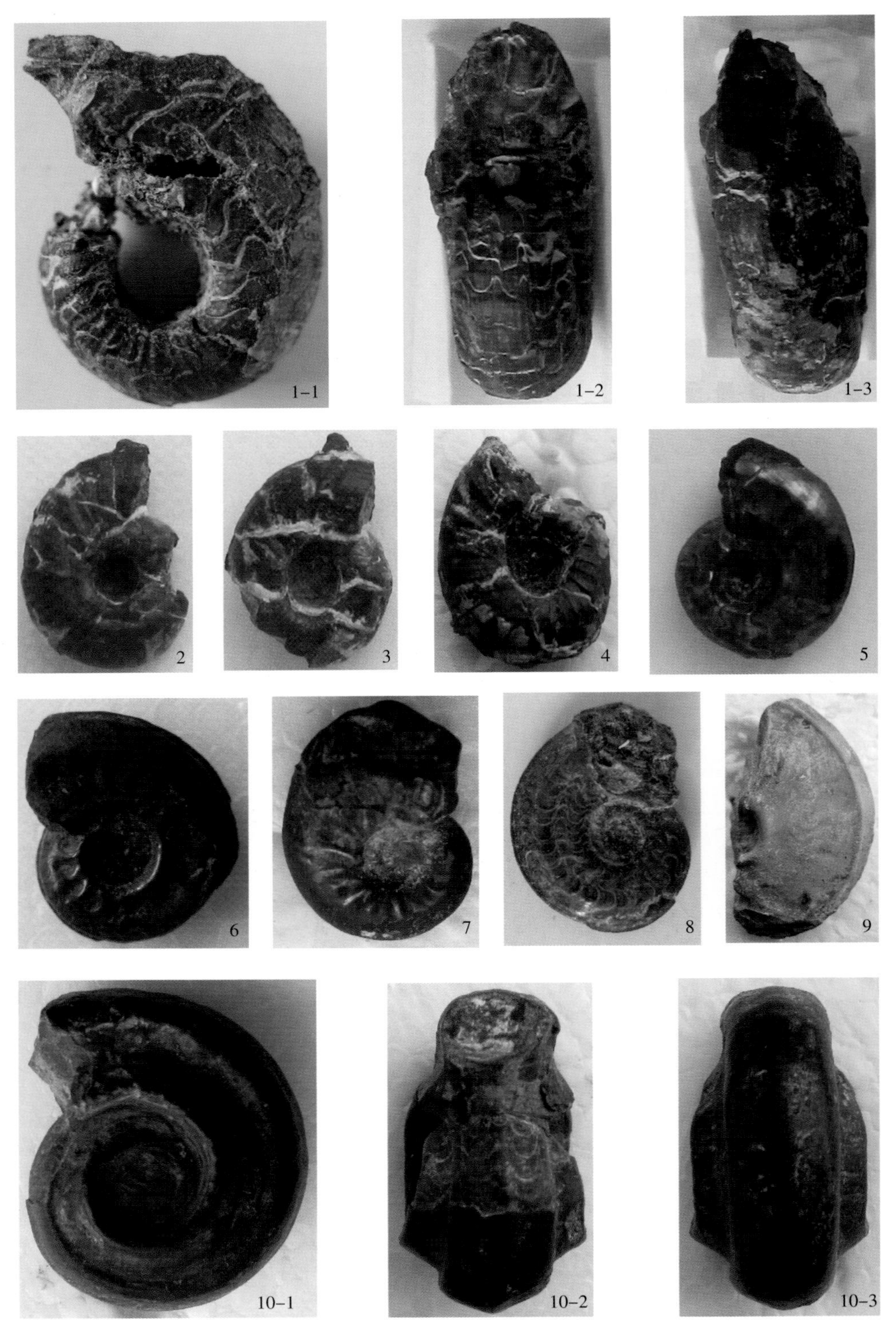

图版 29 说明

图 1　网纹腹菊石（未定种）*Rtiogasrioceras* sp.

1-1. 侧视；1-2. 前视；×2.2。登记号：85025。产地、层位同上。

图 2　孔岭菊石（未定种）*Konglingites* sp.

2-1. 侧视；2-2. 腹视；×1.1。产地江西杨桥西茶煤矿附近；三阳亚阶中部。

图 3　扁色尔特菊石（未定种）*Lenticoceltites* sp.

3. 侧视；×3.9。产地江西安福北华山；层位三阳亚阶下部。

图 4　网纹腹菊石 *Retiogastioceras* sp.

4. 侧视；×1.8。登记号：85019。产地、层位同上。

图 5　扁色尔特菊石 *Lenticoceltites* sp.

5. 侧视；×1。登记号：85079。产地、层位同上。

图 5 三阳菊石（未定种）*Sanyangites* sp.

5-1. 侧视；5-2. 腹视；×2。产地江西宜春庐村；三阳亚阶上部。

图　版　29

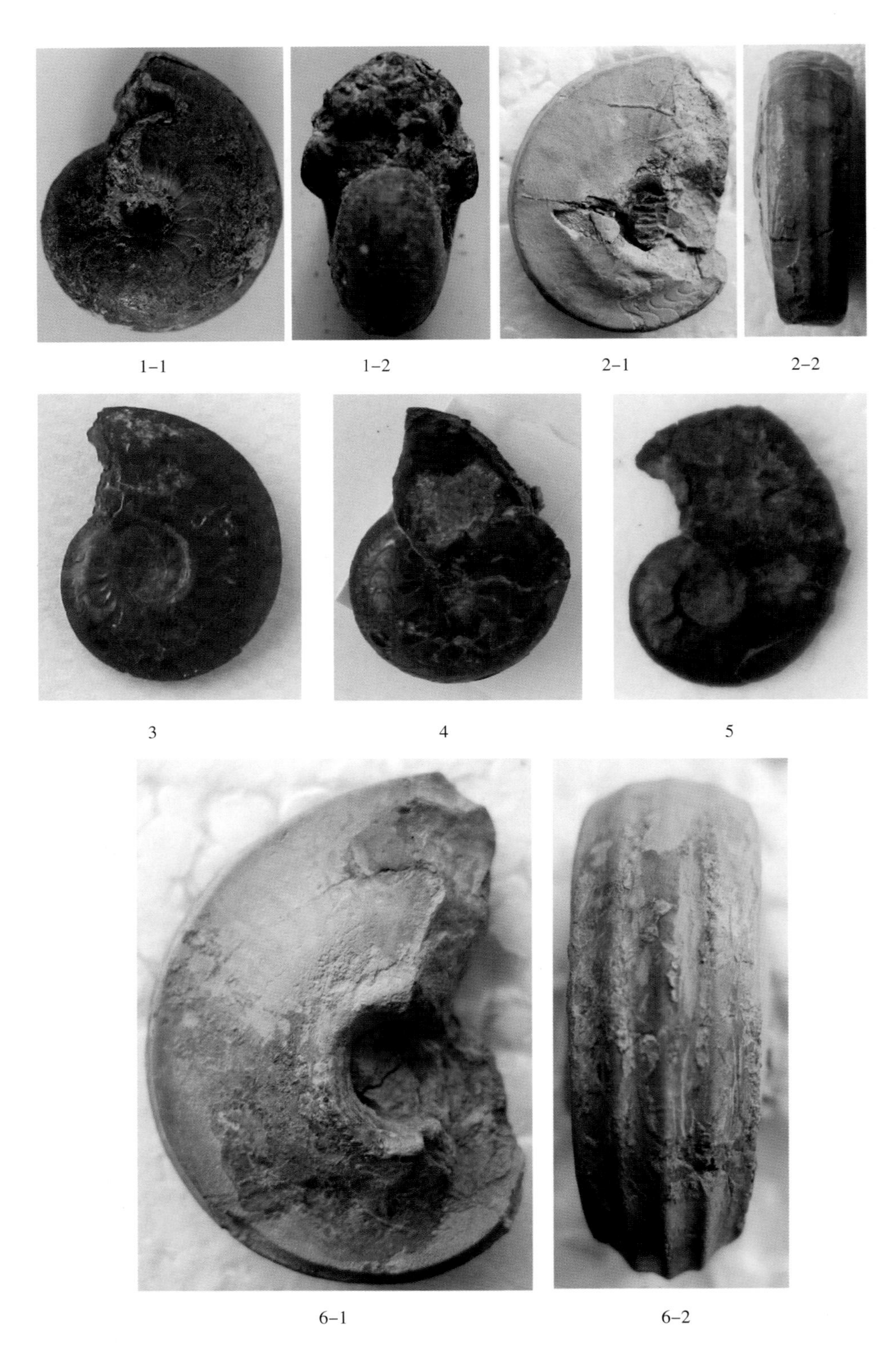

图 版 30 说 明

图 1　扁形窄腹菊石 *Stenogastrioceras compressum* Ma，2012

1-1. 侧视；1-2. 前视；1-3. 腹视；×3.6。登记号：85107；正型。产地江西安福北华山；层位上叠统乐平阶三阳亚阶下部。

图 2　粗壮北华山菊石 *Beihuashanoceras robustum* Ma，2012

1-1. 侧视；1-2. 前视；1-3. 腹视；×2.8。登记号：85190；正型。产地、层位同上。

图 3　粗壮武功山菊石 *Wugonshanoceras robustum* Ma，2012

3-1. 侧视；3-2. 前视；3-3。腹视；×1.8。登记号：85174；正型。产地、层位同上。

图 4　肥厚严田菊石 *Yantianoceras inflatum* Ma，2012

4-1. 侧视；4-2. 前视；4-3. 腹视；×2.2。登记号：85031；正型。产地、层位同上。

图 5　窄腹严田菊石 *Yantianoceras stenoense* Ma，2012

5-1. 侧视；5-2. 前视；5-3. 腹视；×2。登记号：85032。产地、层位同上。

图 6　江西伴卧菊石 *Metalegoceras jiangxiense* Ma，2012

6. 侧视；×0.9。登记号：87078。产地江西上饶黄坑；层位下二叠统上饶阶；湖塘亚阶上部。

图　版　30

图 版 31 说 明

图 1～10　粗肋枫田菊石 *Fengtianoceras costatum* Ma，1995

1. 侧视；2. 前视；3. 腹视；×2。登记号：85080；正型。江西安福北华山；上二叠统乐平阶三阳亚阶下部。

4. 侧视；5. 前视；6. 腹视；×2。登记号：85083；副型。产地、层位同上。

7. 侧视；8. 前视；9. 腹视；×2。登记号：85081；副型。产地、层位同上。

10. 侧视；×2。登记号：85082；副型。产地层位同上。

图 11～17　尖腹枫田菊石 *Fengtianoceras aculum* Ma，1995

11. 侧视；12. 腹视；13. 前视；×2。登记号：85085；副型。产地、层位同上。

14. 侧视；15. 前视；16. 腹视；×2。登记号：85087；正型。产地、层位同上。

17. 侧视；×2.1。登记号：85086；副型。产地层位同上。

图 18～24　饼形枫田菊石 *Fengtianoceras lenticulare* Ma，1995

18. 侧视；19. 前视；20. 腹视；×2。登记号：85088；正型。产地、层位同上。

21. 侧视；22. 腹视；23. 前视；×2。登记号：85089；副型。产地、层位同上。

24. 侧视；×2。登记号：85090；副型。产地层位同上。

图 25～31　盘形枫田菊石 *Fengtianoceras discum* Ma，1995

25. 侧视；26. 腹视；27. 前视；×2。登记号：85092；副型。产地、层位同上。

28. 侧视；×2。登记号：85093；正型。产地层位同上。

29. 前视；30. 腹视；31. 侧视；×3.3。登记号：85099；副型。江西安福观溪；层位同上。

图 版 31

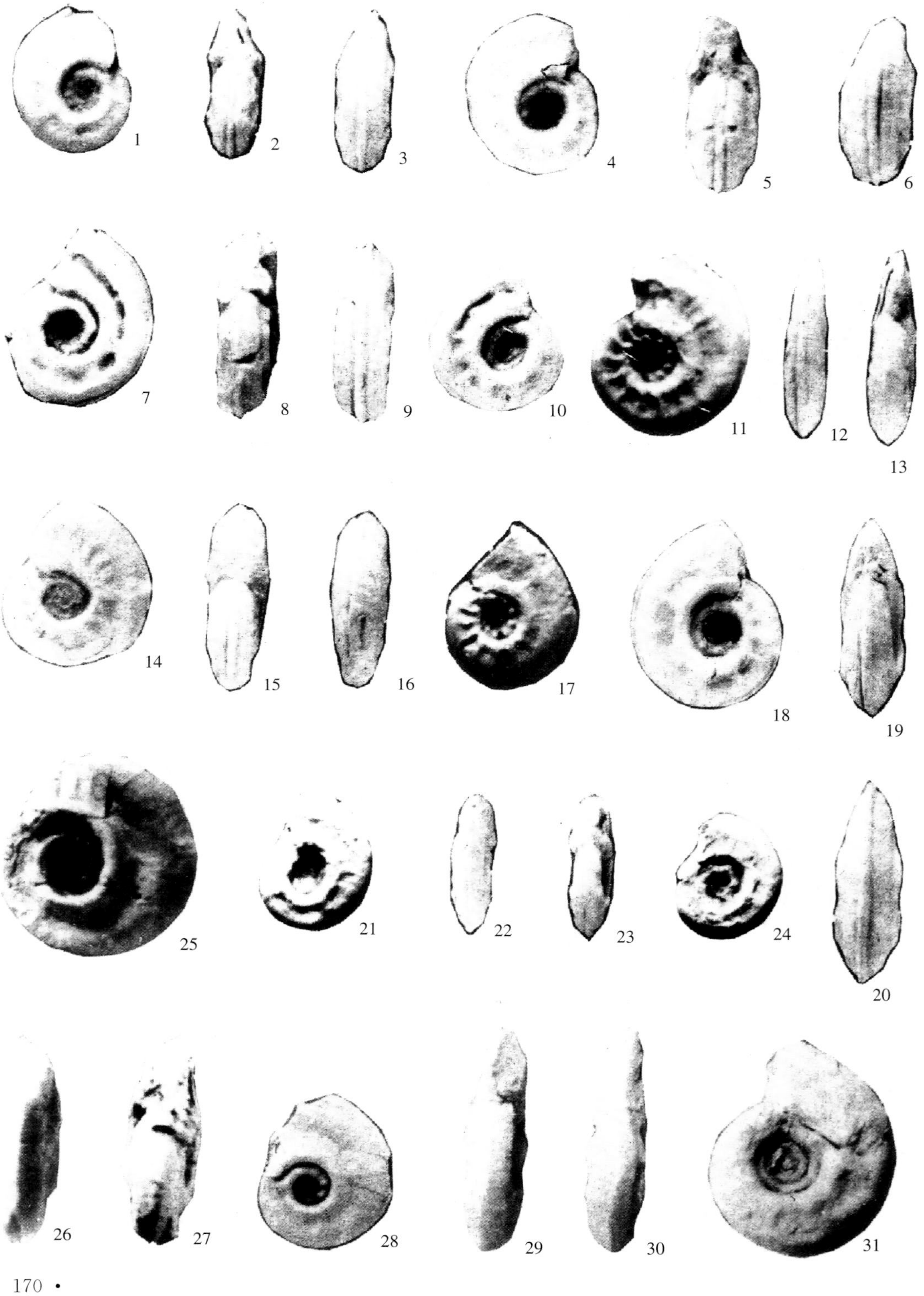

图版 32 说明

图 1～9　圆叶枫田菊石 *Fengtianoceras orbilobatum* Ma，1995

1. 侧视；2. 前视；3. 腹视；×2。登记号：85094；正型。江西安福观溪；上二叠统乐平阶三阳亚阶下部。

4. 侧视；5. 前视；6. 腹视；×2。登记号：85095；副型。产地、层位同上。

7. 侧视；8. 腹视；9. 前视；×2。登记号：85096；副型。产地、层位同上。

图 10～15　吉安庐陵菊石 *Lulingites jianensis* Ma，1995

10. 侧视；11. 前视；12. 腹视；×3。登记号：85146；正型。产地、层位同上。

13. 侧视；14. 腹视；15. 前视；×2。登记号：85147；副型。产地、层位同上。

图 16～18　鸣山庐陵菊石 *Lulingites mingshanensis* Ma，1995

16. 侧视；17. 腹视；18. 前视；×3。登记号：85148；正型。江西乐平鸣山；层位同上。

图 19～26　枫田厚轮菊石 *Pachyrotoceras fengtianense* Ma，1995

19. 腹视；20. 前视；21. 侧视；×2。登记号：85108；副型。江西安福北华山；层位同上。

22. 腹视；23. 侧视；×1.8。登记号：85106；正型。产地、层位同上。

24. 侧视；25. 腹视；26. 前视；×1.3。登记号：85102；副型。产地、层位同上。

图 27～34　江西厚轮菊石 *Pachyrotoceras jiangxiense* Ma，1995

27. 侧视；28 腹视；29 前视；×2。登记号：85109；正型。产地、层位同上。

30. 侧视；31. 前视；32. 腹视；×1.4。登记号：85110；副型。产地、层位同上。

33. 侧视；34 前视；×2.5。登记号：85112；副型。产地、层位同上。

图 版 32

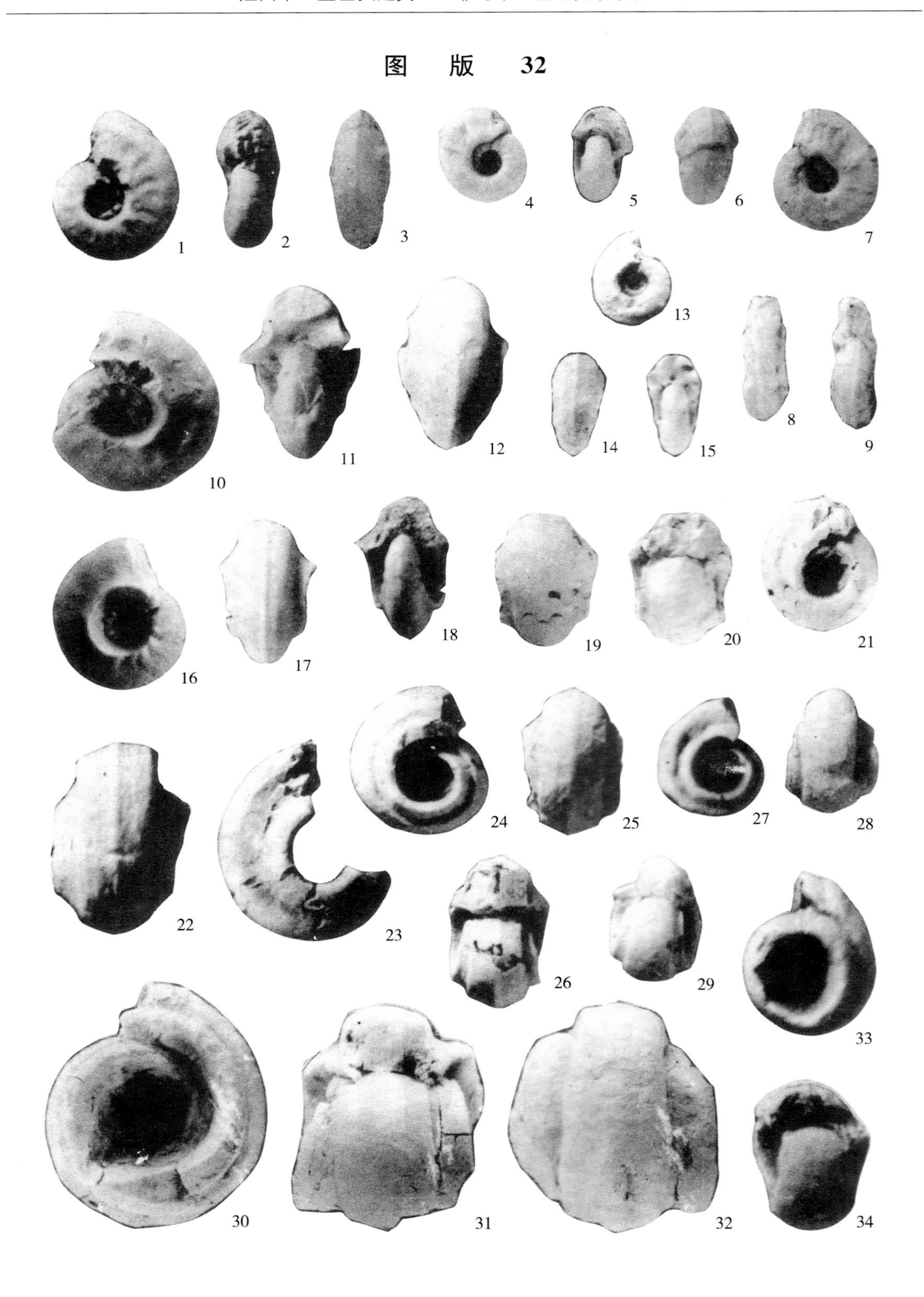
1
2
3
4
5
6
7
13
8
9
10
11
12
14
15
16
17
18
19
20
21
22
23
24
25
26
27
28
29
30
31
32
33
34

图版 33 说明

图 1～3　江西花桥菊石 *Huaqiaoceras jiangxiense* Ma，2002

1. 侧视；2. 腹视；3. 前视；×1。登记号：85149；正型。江西安福北华山；上二叠统乐平阶三阳亚阶下部。

图 4～6　宽叶花桥菊石 *Huaqiaoceras latilobatum* Ma，2002

4. 侧视；5. 前视；6. 腹视；×1。登记号：85150；正型。产地、层位同上。

图 7～9　精美详泽菊石 *Xiangzeceras bellum* Ma，2002

7. 侧视；8. 前视；9. 腹视；×2。登记号：85151；正型。产地、层位同上。

图 10～12　蹄叶雅岭菊石 *Yalingites hoplolobatum* Ma，2002

10. 侧视；11. 前视；12. 腹视；×1。登记号：85203；正型。产地、层位同上。

图 13～17　奇异雅岭菊石 *Yalingites mirabilis* Ma，2002

13. 侧视；14. 前视；15. 腹视；×1.5。登记号：85024；正型。产地、层位同上。

16. 侧视；17. 前视；×1.5。登记号：85205；副型。产地、层位同上。

图 18～26　宽脐脊棱菊石 *Carinoceras latiumbilicatum* Ma，2012

18. 侧视；19. 腹视；前视；×1。登记号：85201；副型。产地、层位同上。

21. 前视；22 侧视；23. 腹视；×1。登记号：85188；副型。产地、层位同上。

24. 侧视；25. 前视；26. 腹视；×1.3。登记号：85185；正型。产地、层位同上。

图 27　轮状宜春菊石 *Yichunoceras rotule* Ma，2002

27. 侧视；×1。登记号：85209；正型。江西宜春庐村；上二叠统乐平阶三阳亚阶上部。

图 28、29　低脐宜春菊石 *Yichunoceras umbilicatum* Ma，2002

28. 腹视；29. 侧视；×1。登记号：85210；正型。产地、层位同上。

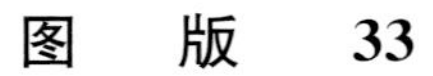

图　版　33

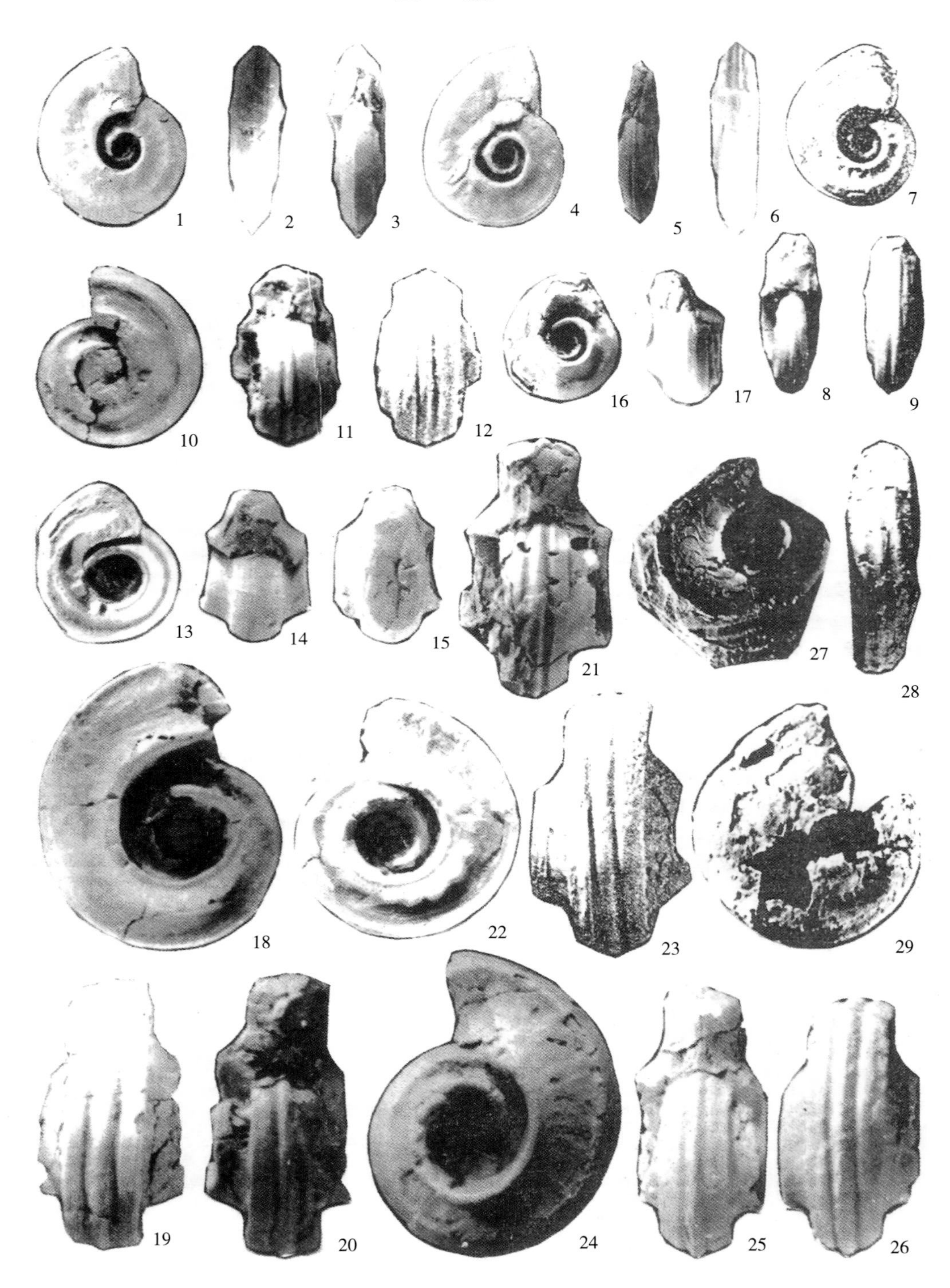

图版 34 说明

图 1～4　纹锦江菊石 *Jinjiangoceras striatum* Zheng et Ma，1982

1. 侧视；2. 腹视；×1。登记号：54600；正型。江西宜春庐村；上二叠统乐平阶三阳亚阶上部。

3. 侧视；4. 腹视；×1。登记号：54601；副型。产地、层位同上。

图 5～9　扁缩锦江菊石 *Jinjiangoceras compressum* Zheng et Ma，1982

5. 前视；6. 侧视；7. 腹视；×1。登记号：54603；副型。产地、层位同上。

8. 侧视；9. 腹视；×1。登记号：54602；正型。产地、层位同上。

图 10～16　沙塘袁州菊石 *Yuanzhouceras shatangense* Ma，2012

10. 侧视；×1。登记号：54610；副型。产地层位同上。

11. 前视；12. 侧视；13. 腹视；×1。登记号：54608；正型。产地、层位同上。

14. 前视；15. 侧视；16. 腹视；×1。登记号：54609；副型。产地、层位同上。

图 17～21　江西锦江菊石 *Jinjiangoceras jiangxiense* Zheng et Ma，1982

17. 前视；18. 侧视；19. 腹视；×1。登记号：54612；副型。产地、层位同上。

20. 侧视；21. 腹视；×1。登记号：54611；正型。产地、层位同上。

图 22、23　平腹锦江菊石 *Jinjiangoceras ventroplanum* Zheng et Ma，1982

22. 腹视；23. 侧视；×1。登记号：54613。产地、层位同上。

图　版　34

图版 35 说明

图 1～5　脊棱三阳菊石 *Sanyangites liratus* Zheng et Ma，1982

1. 侧视；2. 前视；×1。登记号：54615；正型。产地、层位同上。

3. 腹视；4 侧视；5. 前视；×1。登记号：54616；副型。产地、层位同上。

图 6～11　膨胀三阳菊石 *Sanyangites infjatus* Zheng et Ma，1982

6. 腹视；7. 侧视；×1。登记号：54618；副型。产地、层位同上。

8. 前视；9. 侧视；×1。登记号：54617；正型。产地、层位同上。

10. 前视；11. 侧视；×1。登记号：54619；副型。产地、层位同上。

图 12　多叶宜春菊石 *Yichunoceras multilobatum* Ma，2012

12. 侧视；×1。登记号：54624；正型。产地、层位同上。

图 13～16　肥厚三阳菊石 *Sanyangites obesus* Zheng et Ma，1982

13. 侧视；14. 腹视；×1。登记号：54627；副型。产地、层位同上。

15. 前视；16. 侧视；×1。登记号：54626；正型。产地、层位同上。

图 17～20　简单三阳菊石 *Sanyangites simplex* Zheng et Ma，1982

17. 腹视；18. 侧视；×1。登记号：54631；副型。产地、层位同上。

19. 前视；20. 侧视；×1。登记号：54630；正型。产地、层位同上。

图 版 35

图版 36 说明

图 1～4　锯齿宜春菊石 *Yichunoceras serratum* Ma，2002

1. 侧视；×1。登记号：54632；正型。产地、层位同上。

2. 前视；3. 腹视；4. 侧视；×1。登记号：54633；副型。产地、层位同上。

图 5、6　庐村宜春菊石 *Yichunoceras lucunense* Ma，2002

5. 侧视；6. 腹视；×1。登记号：54642；正型。产地、层位同上。

图 7、8　宽脐宜春菊石 *Yichunoceras latiumbilicatum* Ma，2002

7. 侧视；8. 侧视；×1。登记号：54637；正型。产地、层位同上。

图 9、10　轮状三阳菊石 *Sanyangites rotulus* Zheng et Ma，1982

9. 前视；10. 侧视；×1。登记号：54644；正型。产地、层位同上。

图 11、12　饼形三阳菊石 *Sanyangites lenticularis* Zheng et Ma，1982

11. 腹视；12. 侧视；×1。登记号：54638；正型。产地、层位同上。

图 13～16　环三阳菊石 *Sanyangites circellus* Zheng et Ma，1982

13. 侧视；14. 腹视；×1。登记号：54640；副型。产地、层位同上。

15. 腹视；16. 侧视；×1。登记号：54639；正型。产地、层位同上。

图 17、18　三阳菊石（未定种）*Sanyangites* sp.

17. 腹视；18. 侧视；×1。登记号：54647。产地、层位同上。

图 版 36

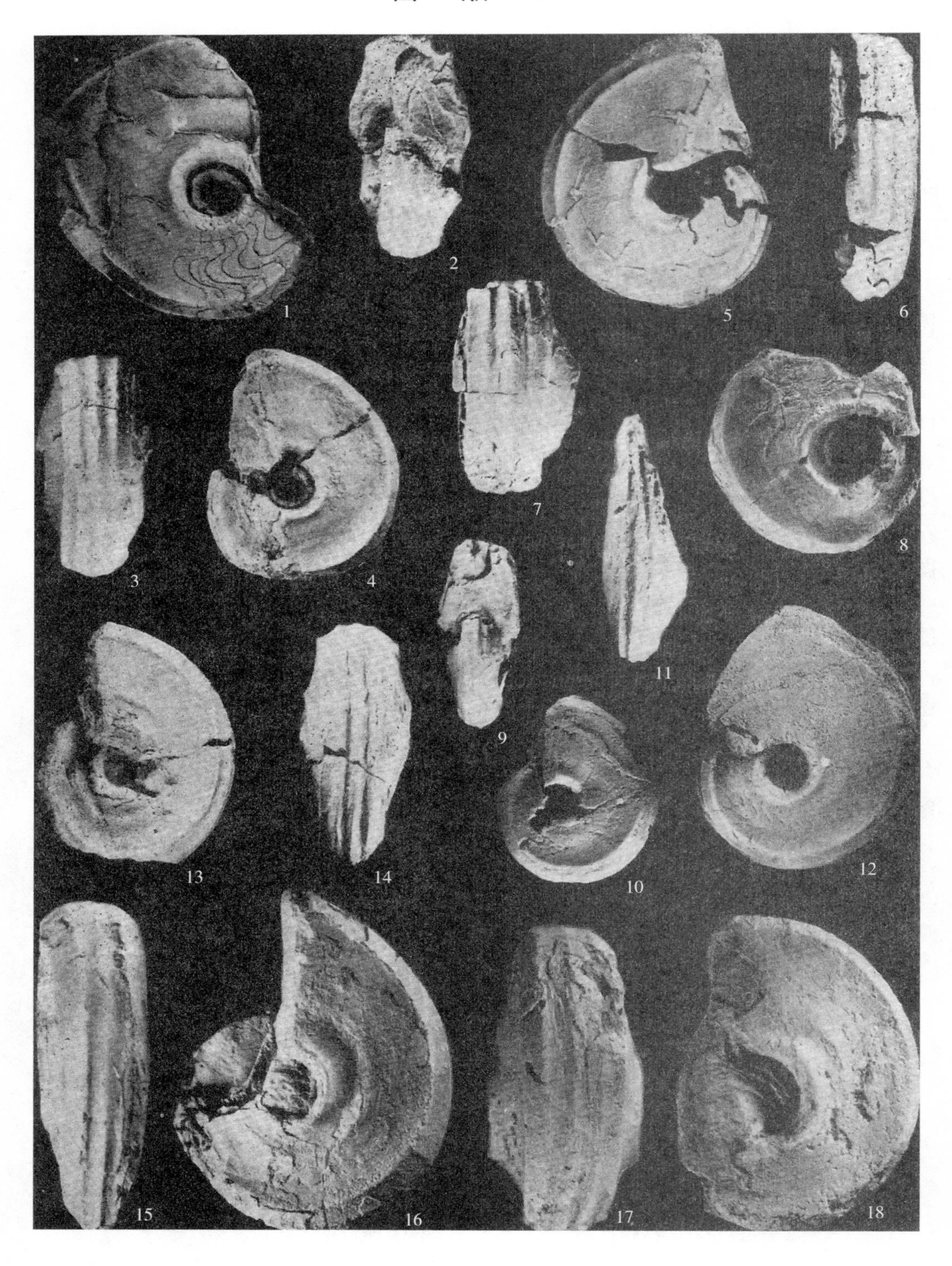

图版 37 说明

图 1～6　粗壮肋鹦鹉螺 *Pleuronautilus robustus* Ma，1997

1. 腹视；2. 前视；3. 侧视；×1.3。登记号：85223；正型。江西安福北华山；上二叠统乐平阶三阳亚阶下部。

4. 腹视；5. 前视；6. 侧视；×1.5。登记号：85224；副型。产地、层位同上。

图 7、8、17、18　安福肋鹦鹉螺 *Pleuronautilus anfuensis* Ma，1997

7. 侧视；8. 腹视；×1。登记号：85214；副型。产地、层位同上。

17. 侧视；18. 腹视；×2。登记号：85215；正型。产地、层位同上。

图 9、10　粗壮丽饰鹦鹉螺 *Eulomacoceras robustum* Zhao、Liang et Zheng

9. 侧视；10. 腹视；×1。登记号：85216；产地、层位同上。

图 11～13　江西礼饼角石 *Domatoceras jiangxiense* Ma，1997

11. 腹视；12. 侧视；13. 前视；×1。登记号：85227；正型。产地、层位同上。

图 14～16　肥厚礼饼角石 *Domatoceras inflatum* Ma，1997

14. 侧视；15. 前视；16. 腹视；×1。登记号：85228；正型。产地、层位同上。

图 版 37

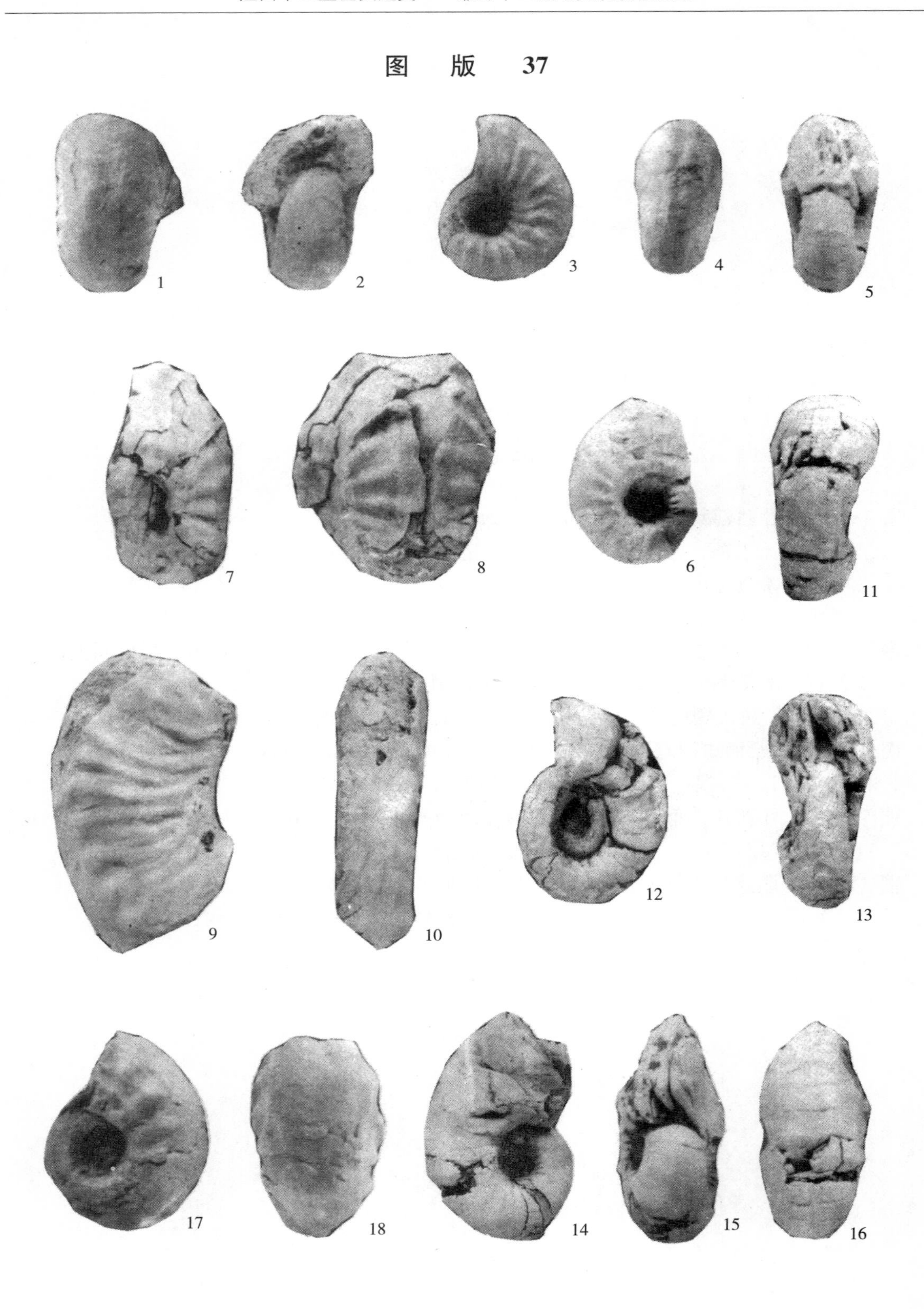

图版 38 说明

图 1～12　弯肋鹦鹉螺 *Pleuronautilus curvatus* Ma，1997

1. 侧视；2. 前视；3. 腹视；×1.1。登记号：85223；副型。产地、层位同上。

4. 侧视；5. 前视；6. 腹视；×1.1。登记号：85218；副型。产地、层位同上。

7. 侧视；8. 腹视；9. 前视；×1。登记号：85219；正型。产地、层位同上。

10. 侧视；11. 腹视；12. 前视；×1.5。登记号：85221；副型。产地、层位同上。

图 13　粗纹吉安鹦鹉螺 *Jianoceras perornatum* Ma，1997

13. 侧视；×1。登记号：85016；正型，产地、层位同上。

图 14～16　江西黄河角石 *Huanghoceras jiangxiense* Ma，1997

14. 侧视；15. 腹视；16. 前视；×1。登记号：85213；正型。产地、层位同上。

图 版 38